台灣第1本

# 團購美食go

神呀！
請阻止我繼續買
繼續吃！

超 *hot!*

朱雀文化

# Contents
## 團購美食go 超hot!

最近物價波動，各家商品價格及優惠、宅配門檻均有變動。購買時，請向店家詢問清楚，以免造成誤會！本書內所介紹的商品乃作者個人喜好，每個人口味不同，請勿以此為基準，作為評斷店家之優勝劣敗！

# 網路超Hot80項，全台追追追！

| | |
|---|---|
| 作者 | 魔鬼甄 |
| 攝影 | 鳥先生 |
| 企畫編輯 | 劉曉甄 |
| 美術編輯 | 鄭小桃 |
| 企畫統籌 | 李 橘 |
| 發行人 | 莫少閒 |
| 出版者 | 朱雀文化事業有限公司 |
| 地址 | 北市基隆路二段13-1號3樓 |
| 電話 | （02）2345-3868 |
| 傳真 | （02）2345-3828 |

劃撥帳號 ........

總經銷
大和書報圖書股份有限公司
.......公司
.......et.net
地址：新北市新莊區五工五路2號 .......n.tw
電話：(02)8990-2588 .......有限公司
傳真：(02)2290-1628 .......-8
網址：http://www.dai-ho.com.tw

二版二刷 2007.10
定 價 169元
出版登記 北市業字第1403號

國家圖書館出版品預行編目資料

團購美食GO：網路超hot80項
全台追追追 /
魔鬼甄著.—初版—台北市：
朱雀文化，2007〔民96〕
面； 公分，--（volume；02）
ISBN 978-986- 6780- 02-8
（平裝）

1. 飲食業- 台灣
483.8 96010732

# 團購團購我愛你！
# 一起分享平民美食好風味

　　如果要挑一件小時候最懷念的事情，那一定是開鞋店的老爸關店打烊後，騎著偉士牌機車，載著一家四口在街頭巷尾尋覓美味小吃的時光，全家人聚在一起的幸福，那怕只是間燈光微暗、攤頭老舊的廉價小吃，就夠我回味再三，至今仍難忘懷。

　　長大離開家進入校園後，尋覓巷弄美食的習慣仍然不變，但改由男朋友代勞，當時的鳥先生（現在的老公）就曾經騎著機車，大老遠從林口騎到三重，回程途中不幸摔車，手腳瘀青紅腫，外加破皮流血，只為了替我買一份最愛吃的牛排餐。一直到畢業工作，甚至結婚生子後，由於下班得趕回家照顧小孩，兩人外出尋覓美食的時間和機會愈來愈少，取而代之的就是網購和辦公室團購美食。

　　愛吃的我，團購目標理所當然鎖定了美食小吃，不論中式、西式、零食點心或伴手禮，只要好吃的，通通來者不拒！尤其兒子允嘉的乾媽根本就是整天混PTT，什麼都能跟都能買，舉凡吃的用的，統統買過一輪，當然我也跟著大大受惠，試過布朗尼、米漢堡、桂圓糕、護髮素、手工肥皂等，並且因為她的關係，從此踏入這片廣大的團購領域，樂此不疲。

　　現在每天最開心的時候，莫過於老公鳥先生下班回家後，鳥先生和兒子允嘉和我，全家一起將團購物品拆封，在進行開箱拍照的既定儀式之後，然後大啖來自各地的美味小吃。其中當然不乏值得大大推薦的，但也有不合口味的。不過，團購美食有個特點，就是價格平實近人，因為集結眾人之力，可拿到優惠價，並且免除運費，就算偶有不滿意，但經由團購的方式，每個人都能以少試多(像是每種口味各來一點)，風險相對減輕許多，有點像是買保險的感覺。

　　而現今繁忙的社會，如何方便取得，已經成為不可或缺的要素之一，只要一通電話、一份傳真、上網填單發送，隨即服務到家！團購真的讓生活變得多采多姿，豐富我的人生。

　　現在我們家的冰箱根本就是美食彈藥庫，有來自北海道的千層蛋糕、屏東乳酪蛋糕、台南手工烤布丁、高雄三郎餐包、台中東海雞腳凍、台東卑南肉包等，各式甜點鹹食將冰箱塞滿滿，隨時可以辦桌、吃大餐。要不是礙於家中有個小麻煩，玩具總是東扔西丟而造成混亂，否則真的是隨時宴客開趴皆Ready呢！

**作者簡介**

**關於魔鬼甄**

從小就在尋覓巷弄美食中長大，現在生活以網購及辦公室團購為重心。團購目標鎖定美食小吃為主，不論中式、西式、零食點心或伴手禮，只要好吃的，統統來者不拒！
在個人部落格中以團購美食部份最受注目，充滿點閱的人氣。最愛與大家分享她的團購經驗，是追逐團購美食的箇中好手。
個人部落格：魔鬼甄與天使嘉 http://www.wretch.cc/blog/bajenny

# Part 1

# 團購生活
## 守則須知

想知道要怎麼團購？想跟大家一起團購？你不能不具備團購應有的知識！
讓我們跟著魔鬼甄、鳥先生，一起瘋團購！

# 團購DIY守則

　　從小到大，相信大家多多少少都有過團購的經驗，打從幼稚園訂羊奶開始，到國小國中訂參考書，高中大學社團辦活動採買道具，辦公室訂便當叫飲料，舉凡這些都算是以群體組成的方式，形成一股力量，從而獲得跟商家(賣方)談折扣砍價的空間，團購除享有一定的折扣，還可免去奔波之苦，享受店家直接送貨到府的便利性。

　　以往的購買方式，除了先以電話詢問價格外，如果真要買得放心，還是得真正看到實品才行，這時只能派人親自前往探查後回報，才能順利完成交易。除非團體中有人天生樂心公益，身懷捨我其誰的使命，願意一馬當先跳出來做義工，為大夥謀福利，才能有效達成任務。但偏偏願意做苦工的人本來就少之又少，且吃力不討好，往往如果有雜音出現(挑剔東西不好者)，再也不會有人願意站出來，從此就會失去團購的機會。

　　近年來隨著電腦、網路的發達，不但可於線上瀏覽商品樣貌，諸多網友們的經驗分享更是一查就有，如此一來，買東西之前有得瞧，還有人拍胸脯掛保證，在在減少誤踩地雷的憾事，於是網路購物風潮，於焉形成魅不可擋。

　　網購品項五花八門，從美食零嘴、化妝服飾、生活文具等小事物，到某汽車論壇所舉辦的汽車、保險等大筆金額的團購。在網路的推波助瀾之下，許多美味但不為人知的巷弄小店，常常因為一封封轉寄郵件而一夕暴紅，甚至登上新聞，從此訂單應接不暇，財源滾滾而來。

　　而當網購到達一定數量時，變成了團購，集合眾人之力，買方掌握更大的交易權，進而與賣方談判，當兩方完成交易，便達雙贏的局面。這種沒有實體店面卻能締造銷售佳績的神話，以黑師傅捲心酥為首。黑師傅捲心酥就是一間以網路掘起的商家，僅接受電話下訂，爆紅之後，由於店家的生產線無法立即擴充，結果通常就是下訂後仍需等上數月之久，等越久更令人期待，今年初更因訂單滿載，乾脆暫時停止接單，藉以消化訂單得到喘息的機會，所以想吃的人，更要有「長期抗戰」的心理準備。

　　團購的方式有很多，辦公室號召、PTT跟團、加入合購平台等都是不錯的途徑，可以選擇最適合自己的方式進入，你會發現團購樂趣無限多，從南到北的在地風味小吃，甚至跨越國境，遠自北海道、澳洲而來的新奇好物，都可輕易到手，只要注意幾項團購守則，你也可以是團購達人！

## 辦公室團購—物品重量體積&保存方式

在辦公室號召團購時，由於同事都位於同一區域，登記數量容易，收錢也方便，貨物直接寄到辦公室，輕鬆又愉快。但還是有幾點要注意，比方說物品的重量、體積和保存方式。

太重太大或需要低溫冷藏的物品，如果家裡離公司有一段距離，甚至得搭乘大眾交通工具的人，得量力為之。以團購福義軒手工蛋捲禮盒為例，訂個4盒要分送親友時，雖然重量不重，但體積卻不小，幾乎等於一個紙箱的體積，完全沒辦法置於機車前座，只得分兩次運送，尤其是坐捷運回家，更是不方便。

## PTT跟團—匯款迅速、面交守時

如果是跟團的話，只要匯款迅速和面交時間準時，通常不會發生什麼問題，很輕鬆的就可以在家裡享受折扣美食，不過跟的團，最好選擇離自家附近不遠的面交地點。但如果是等不及要自己開團的話，那面對的挑戰就無限多了！除了得負責與店家聯絡外，還得收齊款項匯款，公告周知，甚至得進行分裝作業，在現場等待面交的人等等。

## 加入團購平台—把握時間、線上下單

現有的團購平台都是免費提供服務，只要上線瀏覽合購主題，針對有興趣的品項，考量自己方便的面交地點即可跟進。首先在平台個別下單後，依照主購的要求留下聯絡方式，並遵守相關規定，如配合付款時間，之後就靜候主購的通知。在合購時間尚未截止時，都可任意更改訂單，也可參考其他人訂了什麼東西。

團購幾乎已經是全民運動了！也有不少店家因為團購而暴紅或衰退，不論結果是什麼，身為一個消費者，都希望店家能為自己的品質把關，在暢銷的同時，也不忘要繼續保持當初的堅持；而即使是已經退燒了的店家，也別忘了檢討自己商品的缺失，繼續努力，為產品殺出一條血路！

而在全省團購買透透的同時，我們也都期待會有更多的團購商品跟進，在各團購消費者的嚴格把關下，相信我們齊眾人的力量，不僅有更漂亮的價格出現，同時在品質上，也會更有的保障！

大家一起來團購吧！

想合購？找這裡就對了！

# 各大團購
# 組織說分明

最近團購美食常常成為新聞的焦點，熱門團購伊蕾特布丁、星野銅鑼燒在新聞報導後，再接受電視節目的專訪，訂單暴量數以倍計，可謂是商機無限，不但越來越多人投入網路販賣的行列，許多有心創業的人士，趁機成立網路團購平台，讓團購愈來愈簡單輕鬆，形成全台網民的活動。

你知道台灣有那幾個著名的團購管道嗎？下面就來介紹幾個熱門的團購管道及平台。

## 團購網的大老
### PTT合購版 / 洽特(Chat)版
### 網址：bbs://ptt.cc

**沿革** 最老牌的PTT合購版，也是每日開團數最多的地方，每日開團和徵求文章約200、300篇，非常驚人的數量，成為熱門團購的最大推手！

**優點** 因為版上學生族群不少，所以團購的美食多以便宜大碗為主，以基諾奶茶為例，一包不到3元的價錢，可以泡出和便利商店25元昂列奶茶，甚至30元貝納頌同等美味的奶茶。因為合購版上團購美食種類太多，並不是每樣商品都有人詳盡描述其美味，於是，讓人發表團購美食心得和團購轉讓的洽特版由此而生，每次要下手跟團之前，我都會先來這裡探探虛實，如果生火文(表示推崇的文)多於滅火文(表示吐槽文)，那下手買回家不會後悔的機率肯定很低。

**注意** PTT合購版雖然團數多，同樣規矩也最多，新手最好先詳閱版規，以免壞了規矩，被主購列為黑名單。

## 操作方式

**1** 要進入PTT合購版，需先下載並安裝KKMAN或PCMAN之類的telnet軟體，將軟體打開後，在網址列鍵入bbs://ptt.cc後註冊帳號。

**2** 註冊完成後鍵入帳號密碼後登入PTT後，全由鍵盤操作，調整「上下鍵」至Class分類討論區，按「右方向鍵」進入。

**3** 按數字鍵「1」「0」enter至10生活娛樂館，按「右方向鍵」進入。

**4** 按數字鍵「6」enter至6交換買賣區，按「右方向鍵」進入。

**5** 按數字鍵「8」enter至8合購版，按「右方向鍵」進入，以上下鍵翻閱標題，右鍵進入閱讀文章，左鍵跳回列表，另外可以在些畫面按組合鍵「Ctrl+A」加入我的最愛，下次即可在進版畫面中我的最愛快速進入合購版。

**6** 關於PTT鍵盤操作，可於任何地方按「h鍵」參考鍵盤指令。

## 來訂好吃的便當

網址：http://dinbendon.net/do/login

**操作方式** 網路上有詳細的操作教學。http://dinbendon.net/do/pub/UserManualPage//wicket:pageMapName/wicket-0^p

**沿革** 一位寫程式高手，看到公司內的秘書們，每天為了訂便當、下午茶，得處理諸多繁瑣的庶務性工作，如通知、彙總、收錢、核對、下單等，於是寫出一套程式來節省秘書們的時間，以資訊化作業取代手寫、人工通知作業，後來更延伸成為團購、投票、集資的平台。

**優點** 介面簡潔的訂便當管理系統，提供新增店家、下單、計帳、收錢備註的功能，此平台提供圖例說明之使用手冊，方便易懂，容易上手。還可分享自己的店家成為「公用店家」，讓大家都能有更多選擇而受惠。

**注意** 只有群組帳號，同一公司須共用帳號，沒有個人的單一帳號(96.2/11新版提供了個人帳號之申請)。

## 大家一起愛合購

網址：「ihergo合購網」http://www.ihergo.com

**沿革** 2007年3月甫成立的團購平台，由兩位嗅出合購商機的年輕人所設立，WEB介面操作簡單，同樣有新手上路動畫教學，也能讓新手發起虛擬團購，以熟悉操作介面，免得一開始就犯錯，還可成立私人家族。感覺上ihergo許多地方有前述訂便當管理系統的影子，是一個便於合購管理、統計、記帳、分享的軟體。

**優點** 商品資訊更佳完善，主購還可替其他人代訂(如上司)，並可記錄訂單是否已接受／付款／領取等註記，相當貼近需求。

## 易逛易買易快樂

網址：「易逛網」http://www.ez-ground.com/

**沿革** 為一家科技有限公司，以經營虛擬商圈及刊登廣告為主，提供團購及邀約平台，站上商家廣告不少，感覺非常商業化。

**優點** 首頁版面設計活潑，團購平台是購物車的設計，只須輸入數量，十分簡單但相形之下功能陽春。

# 男人與女人觀點大不同

# 魔鬼甄 V.S. 鳥先生

# 十大團購美食排行榜

排名

## 魔鬼甄的最愛！！

| 排名 | | 項目 |
|---|---|---|

**TOP 1**

### Costco松露巧克力 / 約350元
上架1、2天就賣光光的松露巧克力，由於取得不易更加深想吃的慾望啊～～～
（文見P.106）

**TOP 2**

### 佳樂草莓蛋糕(季節限定) / 380元
不甜膩的鮮奶油，搭配草莓多多的夾層蛋糕，好吃！（文見P.22）

**TOP 3**

### 福利奶油大蒜法包 / 72元
香酥脆的大蒜麵包，一口咬下，清脆的卡滋聲，連味蕾都跳動了起來！
（文見P.24）

**TOP 4**

### 日出大地原味牛軋糖 / 250元
質地出乎意料的柔軟，除了濃濃的奶香，還能嘗到杏仁粒的酥脆感，絕妙的融合。（文見P.36）

**TOP 5**

### 北海道千層蛋糕 / 220元
飽滿的奶油夾在Q軟的餅皮中，口感豐富多層次，如此好滋味，難怪成功征服台灣人的胃。（文見P.16）

**TOP 6**

### 芝玫輕乳酪 / 220元
綿密爽口，帶著淡淡的乳酪香，吃再多也不膩，小心失控。（文見P.26）

**TOP 7**

### 劉夫人香烤雞翅 / 60元
紅通通的雞翅，賣相及口味都不差，配電視的最佳零嘴。（文見P.58）

**TOP 8**

### 基隆旺記小籠湯包 / 160元
無法下廚時的最佳墊檔食物，一口送入，鮮肉汁橫溢，會燙嘴的美味。
（文見P.74）

**TOP 9**

### 星野原味銅鑼燒 / 35元
又是一道來自日本的甜點，作工細緻，口感口味皆不同於以往的銅鑼燒，相當特殊值得一試。（文見P.52）

**TOP 10**

### 小肥羊湯料包 / 110～150元
獨特辛香料的湯底，不用沾醬就很夠味，又是一個很難買到的好貨！再次加深怨懟。（文見P.76）

★售價係以最小購買量計算，單位為單片、單個或一盒一包。

鳥先生的最愛！！

排名

**TOP 1**　　許義魚酥 / 50元
在淡水眾多品牌魚酥中，許義堅持手工限量生產，不在其他通路銷售，居家必備零嘴！（文見P.86）

**TOP 2**　　蕃薯市雞腳凍 / 100元
和台中東海雞腳凍完全不同的享受，嗜吃雞腳者必嘗！（文見P.96）

**TOP 3**　　劉夫人香烤雞翅 / 60元
微辣香甜的雞翅，配啤酒和棒球賽，實在是人生一大享受！（文見P.58）

**TOP 4**　　芝玫輕乳酪 / 220元
口感夢幻的蛋糕體，值得一嘗！（文見P.26）

**TOP 5**　　香帥長芋頭蛋糕 / 170元
暴量芋泥的濃濃芋香讓人無法抗拒！（文見P.29）

**TOP 6**　　新美珍布丁蛋糕 / 70元
原味軟香的海綿蛋糕體，純粹的美味！（文見P.34）

**TOP 7**　　花蓮提拉米蘇 / 25元
雖然不是正統提拉米蘇，但好吃就行了！（文見P.32）

**TOP 8**　　豆酥朋原味泡芙 / 75元
3種口味中，原味最為出色，味道不輸廣田洋果子原味泡芙。（文見P.14）

**TOP 9**　　深藍千層蛋糕 / 100元
在眾多熱門團購蛋糕中，算是價位最高的，偶爾想要奢侈一下的首選！
（文見P.16）

**TOP 10**　　東海雞腳凍 / 35元
每次經過台中必買的伴手禮，價格低廉，買再多也不心痛。（文見P.96）

# Part 2

# 西式糕餅

泡芙、蛋糕、布朗尼、貝果 一堆讓人流口水的美食，你吃過那些？

# 奶油・飛 的好滋味
# 甜甜布朗尼

PTT團購火紅的產品—甜甜布朗尼，自推出至今，火紅的程度依舊不變，這次拜兒子允嘉乾媽之賜，嘗到了這甜甜的美味。

允嘉乾媽一次團購了四種口味—蜜核桃、花生、酒釀葡萄乾、巧克力。

## 酒甜甜布朗尼(酒釀葡萄乾)

以蘭姆酒及葡萄酒釀製的葡萄乾，有著成熟的滋味，雖然平常不愛喝酒的我，卻對這香醇濃郁的酒香留下極佳的好感。

## 蜜核桃布朗尼

脆脆的核桃布滿於表層，一向喜愛堅果類的我，第一口試吃的就是它。雖然有核桃增添口感，但表現平平。(蜜核桃現在官網改名為「核桃甜甜」，核桃已改放入布朗尼裡面，造型也已改變。)

## 金甜甜布朗尼(花生)

有著顆粒花生醬的金甜甜布朗尼(花生)，雖然顏色最耀眼，口感略為甜膩。

## 大甜甜布朗尼(巧克力)

表層撒上薄薄一層糖霜，如同白雪飄落於大地之美，視覺效果極佳，屬布朗尼基本款，但少了葡萄乾及酒香的襯托，口感普通。

必須稱讚的是奶油・飛的包裝設計，外盒採大紅色禮盒裝，極富喜氣，相當適合送禮，內盒兩側另設計小握把，方便取出分切。

## 團購達人 真心話

之前店家並不提供分切服務，不過店家是兩個小女生所經營的，果真貼心又聰明，現已推出涵蓋各種口味的體驗包(含甜甜及手工餅乾等)及甜甜綜合包。這下主購可輕鬆一點，不必再費心勞力分切，在衛生及包裝會較有保障。

## 奶油・飛

網路賣場：http://class.ruten.com.tw/user/index.php?sid=imbeeboss
門市：設計先生　　電話：(03)521-0943
地址：新竹市勝利路14號
營業時間：12:00～22:00

### 大伙相招來團購！

| 品名 | 售價 | 滿2,500元折扣價 | 優惠說明 | 保存期限 |
|---|---|---|---|---|
| 核桃甜甜 | 250元 | 250元 | 另有每月一推的特惠活動 | |
| 金甜甜 | 240元 | 230元 | | |
| 酒甜甜 | 300元 | 290元 | 滿2,500元以上免運費(以折扣後價錢計算)，外島要自行負擔運費100元。 | 冷藏7天，冷凍2周 |
| 大甜甜 | 240元 | 230元 | | |

# 豆酥朋
## 迷你泡芙三兄弟

個頭雖小 卻不失好味道

這款商品是在PTT上比三郎餐包更熱門的甜點，幾乎天天有人開團。之所以如此搶手，係因皮酥餡滑，且份量是兩三口輕易解決的大小，深受年輕人的喜愛。

豆酥朋的地址在新店，鳥先生看了地址後馬上決定要自取，按門鈴後就會有員工來開門，裡面是工廠作業區，環境非常乾淨，可以看到穿制服戴白帽的作業員走來走去，自取的人只能在門口處辦公室旁邊等候。而且訂幾盒就是幾盒，不能再多買呢！

從冷藏庫取出的豆酥朋，蓋子瞬間充滿薄霧，由於盒蓋與紙盒之間並沒有使用膠帶固定，拎著一袋如因騎車或動作過大，容易讓泡芙脫離盒子的保護，進而擠壓變形。

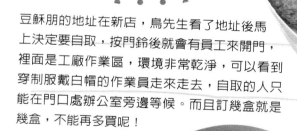

豆酥朋泡芙總共有3種口味，一盒有7個，不提供綜合口味，每種口味至少各一盒，再輔以分配。本次3種口味各買1盒，鳥先生在車上就迅速把3種口味打散平均分配至3盒中，回程順路送了1盒給好友weiwei嚐鮮。

豆酥朋

聖瑪莉

豆酥朋泡芙的外皮極似聖瑪莉的泡芙，屬於酥皮帶有顆粒的，與一般外皮鬆軟的泡芙口感不同，內餡微甜口感滑潤，柔順滑嫩的奶油，順著舌尖滑入喉嚨，冰涼的口感，讓人回味無窮。

一口咬下還會呈大爆漿的局面
務必小心內餡從另一端噴出

14

皮超薄，餡超多，中間還有起酥皮。強烈建議冷藏取出後立即食用，餡會有接近冰淇淋的口感，皮也會保持酥酥的不會軟掉，最好分兩口吃完，不然一定滿地掉酥皮屑！

## 原味

原味豆穌朋最能吃出滑潤口感，濃郁順口的好滋味，評價及接受度最高。

看我吃得滿嘴都是奶油餡....還是原味最好吃！

允嘉及鳥先生的最愛！

濃醇順口的原味，男人們的最愛，一次連吞兩個半。

## 巧克力

辨識度最高的巧克力，不論外皮或內餡，色澤都是最深的，偏甜微苦的巧克力，整體表現亦不錯，但容易膩口，無法像原味那樣連吃2、3個而不停手。

## 咖啡

咖啡豆穌朋外貌幾乎跟原味是雙胞胎兄弟，外盒會特別貼上標籤紙，好區分口味。入口後咖啡香氣在嘴裡化開，雖然沒有原味耐吃，卻有種令人上癮的感覺。

全部吃一輪後的感想是，巧克力偏甜、原味最滑潤、咖啡最香但偏苦。允嘉跟鳥先生最愛原味，原以為允嘉會最愛吃巧克力，沒想到吃到3/4顆的時候，就開始喊苦，於是最苦的咖啡就沒敢讓他試。鳥先生喜歡單純的原味，倒是不知怎的，平常不會喝咖啡的我，竟然會出乎意料的愛上香濃但略帶苦澀的咖啡口味。

魔鬼甄的最愛！

咖啡的成人口味，還是最符合熟女的形象^^^^

50元硬幣

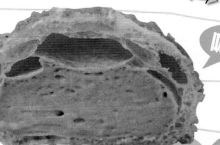

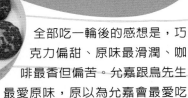

## 團購達人真心話

這款豆穌朋泡芙最好趁鮮食用，雖說保存期限可達3天，猴急的我認為當天就該解決，不然脆脆的酥皮軟掉，口感差很多喔！另外建議店家在包裝上應加強，外蓋如不密封，至少要以膠帶固定，以免脫落突增嬌滴滴泡芙的損傷。

至於這豆穌朋泡芙到底有多迷你，讓我來告訴你。先是下班興沖沖一打開冰箱就傻了眼，盒子的實際大小與預想有落差，之後主角放進肚子後，更是連放4個才有感覺，所以一次訂個3盒真的是小意思啦！

### info 豆穌朋泡芙

電話：(02)2910-9475　手機：0933-927-408
地址：台北縣新店市寶興路45巷6弄10號
營業時間：09:00～18:00

### 大伙相招來團購！

| 售價 | 運費計算方式 | 保存期限 |
|---|---|---|
| 1盒8顆／95元 | 台北縣市免運費，外縣市運費算法：<br>1～4盒 140元<br>5～12盒 190元<br>13～32盒 240元 | 可冷藏3天，常溫需6小時內食用 |

令人讚嘆的真工夫

# 日本北海道V.S.85度CV.S.台南深藍
# 千層蛋糕大對戰

純蛋與鮮奶製成的蛋皮，夾以新鮮奶油，層層砌製而成的千層蛋糕，滋味濃郁，切面豐富，冷凍、冷藏各有不同風味，是午茶的最佳選擇。

**日本北海道**
1片 $55

**85度C**
1片 $60

**台南深藍**
1片 $100～

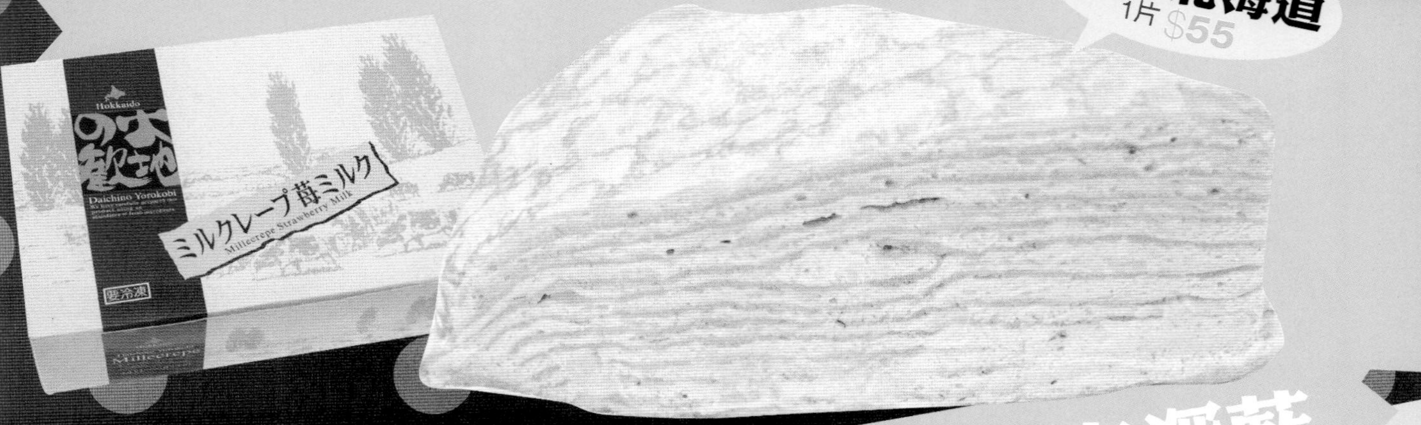

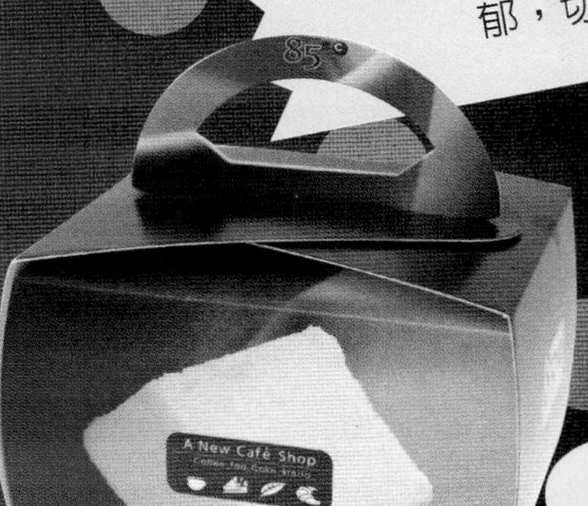

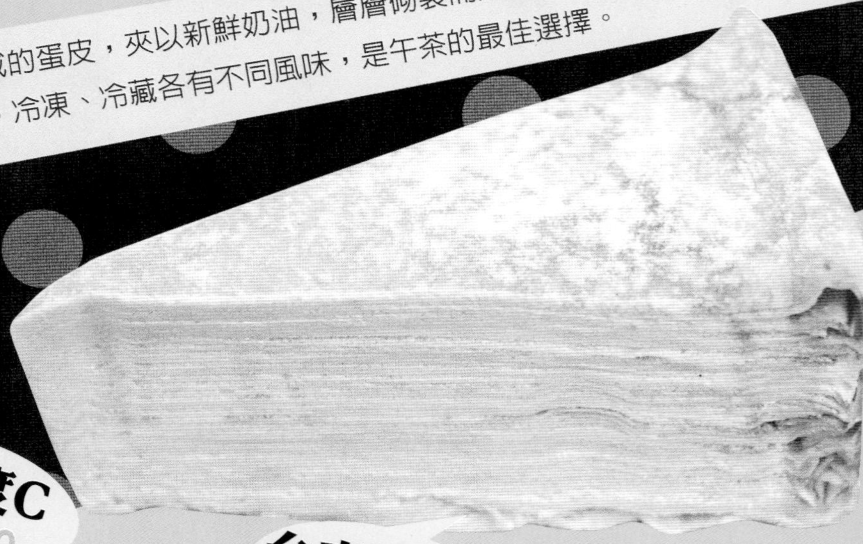

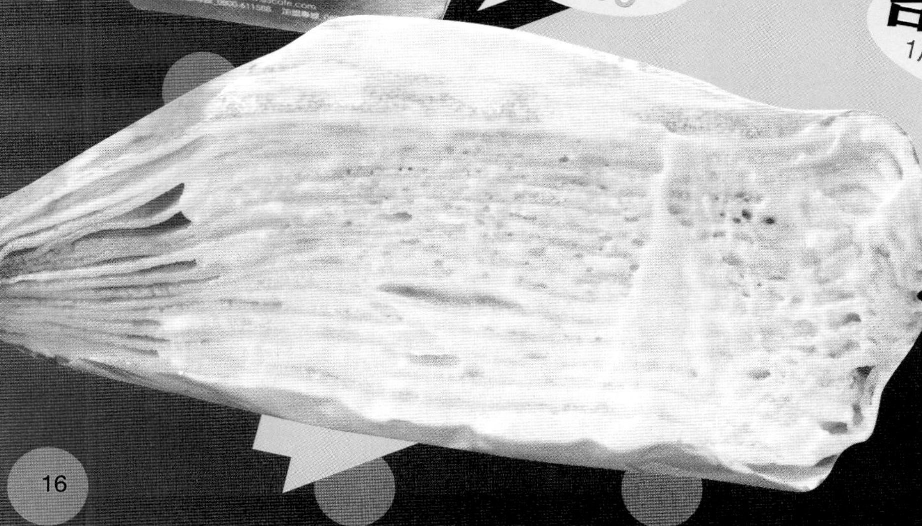

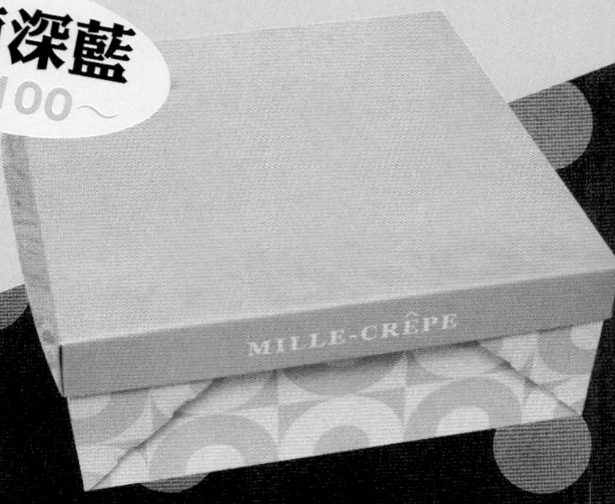

過年前參加了「意慾蔓延」論壇的日本北海道千層蛋糕的團購，因為在捷運新埔站面交非常方便，所以一口氣買了栗子、草莓、巧克力和原味4種口味。粉紅盒子為草莓口味，盒子旁邊和下面有日本產地的標籤，4種口味的盒裝都一樣，差異在於顏色不同。

一盒裡面有4片千層蛋糕，在還沒成為熱門團購之前(據說還上過電視)，一盒裡除配有4片千層，蛋糕口味還可以任選搭配（例如草莓、巧克力各2），或許是訂單量大增，或許考量衛生因素，現在已經不能任意搭配更換口味，不過老板的服務態度還是一樣親切，值得稱讚！

雖然網路上許多人都被來自日本北海道的千層派給征服，但台灣也算是美食天堂，怎麼可以敗下陣來，於是找來標榜平價消費卻是五星級享受的連鎖咖啡傳奇──85度C。其中熱銷商品之一就是法式千層，另再與極富知名的台南深藍法式千層薄餅來個大對決。

## 日本北海道 千層蛋糕

北海道千層蛋糕需冷凍，置於室溫半小時後(或冷藏室1小時)為最佳食用時機，此時口感最佳，夾層奶油均勻塗抹在Q軟的餅皮上，趁鮮奶油尚未融化但已回軟之際，入口即化最是好吃。

**魔鬼甄的最愛！**

北海道牛奶果然名不虛傳，香濃的奶香味，隨著餅皮在口中化開，難以言喻的滋味。

邀請4種口味都有吃到的好友小鳳來評價，她覺得栗子口味最佳，其次為草莓和牛奶，巧克力則殿底。栗子口味因為富有顆粒兼具口感而勝出，牛奶和草莓雙雙以香濃不甜居次，巧克力則因略甜而居末位。

**info 北海道千層蛋糕**

網址：http://www.wretch.cc/blog/kisa75349
電話：0952-526-528
營業時間：09:00～15:00（周日休）

## 85度C 法式千層

這家蛋糕為法式薄煎餅加上白蘭地醬，最上層還有甜甜的鏡面果膠，口味雖然不錯，但酒味稍重。兩者相較，北海道雖然較85度C甜一點，但千層餅皮柔軟好吃，口感更勝於85度C。

**info 85度C咖啡蛋糕專業烘培店**

網址：http://www.85cafe.com/ 電話：0800-611-588
營業時間：各分店時間均不同 （請洽客服專線詢問各分店之地址、電話）

## 台南深藍 法式千層薄餅

來自台南的深藍，可說是合購蛋糕界裡的LV，價位極高，各種口味的千層派每片價位都在百元以上，團購一次就會大失血，而且匯款完一定要影印收據傳真給店家才算完成訂購手續，不能只是電話或Email確認，實在是有點麻煩！

不過東西的好壞果真立見高下，這傳說中的千層薄餅，精緻柔軟嘗得出鮮味，很難仔細計算它到底有幾層，據說有40層！？每一層中間都以鮮奶油來做區隔，深藍的「千層」薄餅如此層層堆砌著，著實煞費功夫，付給師傅的工資，理應佔售價不少。

深藍法式千層開箱照一張，這樣各色組合要價1,350元，價位夠LV吧！

**原味切片 $100**

採用新鮮純鮮奶與有機古早蛋手工製成，有著最純粹的蛋奶香，忠實呈現食材鮮度，網路上評價極高。

**栗子切片 $120**

表層鋪上作工細緻的栗子泥，增添口感及風味，小允嘉果然識貨，每一口都要求多一點栗子泥。

這是深藍眾多口味中，我最喜歡的口味。由法國巧克力與義式濃縮咖啡製成，蛋皮與奶油皆以此調味，有著咖啡及巧克力的香甜苦，絕妙的組合，連允嘉都愛！

**摩卡切片 $110**

**允嘉的最愛！**

深藍的栗子切片，上層的栗子泥清甜爽口，先偷挖上面的栗子泥再說。

夾層果醬係以4種台灣盛產的水果所熬製而成，這是唯一夾層鋪有蛋糕，一方面是怕水果出水弄濕千層餅皮，另一方面也是另種口感。雖是店家自信的紀念台灣之作，極富深義，但口味與我們嚴重不合。

**福爾摩莎 切片 $120**

**鮮果切片 $130**

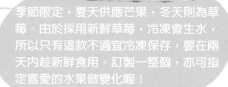

季節限定，夏天供應芒果，冬天則為草莓。由於採用新鮮草莓，冷凍會生水，所以只有這款不適宜冷凍保存，要在兩天內趁新鮮食用。訂製一整個，亦可指定喜愛的水果做變化喔！

## 焦糖切片 $110

自家熬製的焦糖香氣十足，滋味較原味來的豐富，深深擄獲鳥先生的心。

鳥先生的最愛！

不甜膩的深藍焦糖切片，鳥先生可以自己吃上一片，建議搭配微苦的咖啡更能襯出蛋糕的好滋味。

**info 深藍咖啡 Deep Blue**
網址：http://www.deepblue-cafe.com.tw/
電話：(06)238-7722
地址：台南市府連東路55號
營業時間：08:00～22:00

由於本人喜歡奶油勝於蛋皮，偏偏深藍的奶油薄薄一層，不夠奶不夠油，吃不過癮。這3家以價位及個人偏好而論，北海道千層蛋糕還是我的首選。而深藍千層亦同樣被允嘉的姑姑打槍，她也偏愛奶油多多的北海道千層。至於鳥先生及允嘉，這兩個男人完全偏向深藍，可能跟男孩子一般較不嗜甜食有關！不喜歡奶油喜歡千層餅皮口感的朋友，應該會喜歡。不過深藍的高價位，訂一次開銷不小，偶一為之即可。當初要不是鳥先生一句：「偶爾奢侈一下沒關係？！」衝著這句話，我才發狠的來個一次到位，各種口味皆嘗。不過啊！人生還是不太能恣意妄為，因為下場就是荷包縮水又熱量上身呢！

## 超級比一比！誰是大贏家

### 俯瞰圖比一比

85度C 法式千層

日本北海道千層蛋糕

深藍法式千層薄餅

### 側面圖比一比

85度C 法式千層

日本北海道千層蛋糕

深藍法式千層薄餅

| 品名 | 北海道 | 85度C法式千層 | 深藍法式千層薄餅 |
|---|---|---|---|
| 價格 | 55元 勝 | 60元 | 100元～ |
| 外觀 | 內層飽滿 | 尾端無料 | 餅皮做工精細 勝 |
| 口味 | 奶香派軟 | 含酒味 | 蛋香薄餅口感細緻 勝 |
| 包裝 | 4片一盒裝 | 單片盒裝 | 12片硬殼外盒裝 勝 |
| 整體滿意 | 價廉味美 勝 | 易取得 | 價太高無折扣 |

### 大伙相招來團購！

| 品名 | 售價 | 優惠及運費計算方式 | 保存期限 |
|---|---|---|---|
| 北海道千層蛋糕 | 220元／盒(4片) | 1～6盒150元 7～20盒180元 21盒～免運費 | 冷凍3個月 |
| 85度C法式千層 | 60元 | 不含蛋糕費用，飲料需購滿200元以上才外送 | 冷藏3天 |
| 深藍法式千層薄餅 | 100元以上／片 | 不論多少錢，一個地址宅配費用統一價150元 | 冷藏2天 冷凍7天 |

### 團購達人 真心話

雖說理應支持國貨，不過在美食的天地裡，是不分國籍的，優勝劣敗是恆常不變的道理，來自日本北海道的蛋糕，價格不貴，卻有著一定的品質，令人驚豔。至於來自府城的深藍法式千層薄餅，作工細膩，料也很實在，然而價格高了一些，或許可採取縮小尺寸，將價格調降一些，會比較親近消費者。

### 美國進口美味
# 賀米爾貝果

賀米爾貝果最近在PTT團購版突然多了很多團，原本以為只是網路廣告打得兇所造成的短期效應，想不到後續團數竟然愈開愈多，有些口味甚至還賣到缺貨，這時候再不出手就不像我了！

於是乎打了賀米爾官網上的電話尋問訂購事宜，網購的貝果訂價25元，自取的話5個90元，一個變成18元，再加上店址就在離娘家不遠的北投路上，乾脆順路去拿個幾包回來，省得還要費功夫湊數組團。（P.S.店家已於96年5月份調整，不論自取或團購，訂價均為25元／個）

照著地址去買貝果，竟然有意想不到的收穫！官網做得非常漂亮的賀米爾貝果專賣店，背後其實是喀萊爾美而美食品行。店址3樓就是喀萊爾的工廠兼倉庫，裡面擺滿各式美而美早餐店的批發食品，而賀米爾貝果只是喀萊爾食品行進口的商品之一。

賀米爾賣的貝果都是美國進口，網站上有八種口味：原味、藍莓、巧克力碎片、肉桂葡萄、全麥、洋蔥、芝麻和什錦貝果，訂價都是25元，網站上另外熱賣的商品還有蛋糕式甜甜圈和美式手工餅乾。我們現場購買只有原味、藍莓、肉桂葡萄和什錦貝果四種口味。（註：現場購買口味不一定齊全）

**原味**

**藍莓**

**什錦貝果**

袋子上面寫的是喀萊爾，而不是官網上的賀米爾貝果，上面有註明原產地美國，冷凍保存期限6個月。每個貝果都彈性十足沒變形！打開外包裝就聞得到淡淡的藍莓香，從外表就可以看到藍莓果粒。白芝麻、洋蔥和香料調味而成的什錦貝果，香氣特別強烈，入口鹹香，直接單吃即可，幾乎不用再加任何抹醬就很夠味。原味貝果也不錯，有著嚼勁十足的麵包香。

分享一下我家的食用方法，烤箱預熱後，先剖半，表面噴少許水，在小烤箱烤5分鐘後的模樣，外酥內軟啊！搭配日本行箱根玻璃之森買的果醬吃，大成功！

**魔鬼甄 新發現！**

賀米爾貝果工廠旁是一之鄉的工廠，路邊就有人在賣NG蜂蜜蛋糕 (切邊剩下來的蛋糕)，一大袋40元，份量幾乎等於兩大條蜂蜜蛋糕，除了賣相較差之外，實在非常超值，難怪不少人專程騎機車來買。（營業時間：12:40～15:00，周日及國定假日公休）

**團購達人 真心話**

向來對貝果沒好感的我，覺得這家貝米爾的貝果真的很香極富口感，標榜美國進口，加上長達6個月的保存期限，非常適合買回家充當冰箱早餐備料。如果有閒有心再準備配料，內夾起司、蛋、生菜等，肯定美味加倍營養滿點。

**大伙相招來團購！**

原味、藍莓、巧克力碎片、肉桂葡萄、全麥、洋蔥、芝麻和什錦貝果，訂價都是25元，購買1,000元以下運費150元，購買1,000元以上免運費。

**info 賀米爾貝果專賣**

網路賣場：http://www.hermia.com.tw
電話：(02)2891-2191、(02)2897-3927
地址：台北市北投路一段9號3樓

# 桃園佳樂波士頓派
## 難忘的鮮奶油
## &季節限定草莓蛋糕

一提到紅葉的波士頓派，就好幾個人留言推薦桃園「佳樂」的波士頓派，這麼多人推薦的波士頓派果然美味，鮮奶油不甜不膩，讓人禁不住多吃了好幾口！

位於桃園市的佳樂，擁有一個顯眼明亮的藝術蛋糕舖招牌，至於大門則和一般麵包店無異，但入內一探，才發現冰櫃裡面擺滿各式蛋糕，櫃檯兩旁則有堆放成山的外盒。店員們個個都非常忙碌，大概問三句才會簡單回個一句，所以出門前最好先想好要買什麼，多問幾句會被冷眼對待！

**草莓蛋糕**（季節限定）

**波士頓派**

第一回我們買了招牌的原味8吋波士頓派和冬季限定的6吋草莓蛋糕，這外盒有種似曾相識的感覺，和台北知名的紅葉蛋糕有點像！

魔鬼甄的最愛！

小巧可愛的季節限定草莓蛋糕，不論外觀視覺或酸甜滋味，都很對女生的味。

允嘉的最愛！

瘦子允嘉果然專挑不甜的原味波士頓派吃。

鳥先生的最愛！

原味波士頓派不甜膩沒負擔，可以大口大口的享用。

我們去買的時候還剛好碰到廠商送整籃整籃的草莓來，草莓保證新鮮。草莓蛋糕剖半照，貨真實在的草莓鋪陳於蛋糕夾層，洋溢著酸甜幸福滋味。新鮮的草莓配上佳樂可口的鮮奶油，讓人忍不住一口接一口，完完全全不膩口，連吃兩塊的我，都還意猶未盡。

這麼多人推薦的波士頓派果然美味，小姑、小叔、允嘉、堂弟友維和堂妹書涵當場狼吞虎嚥了起來。鮮奶油不甜不膩，讓人想起紅葉的鮮奶油，蛋糕體則是讓人想起新美珍布丁蛋糕，一樣的蓬鬆柔軟，可惜沒辦法當場比較，來個大會串。

佳樂的8吋巧克力波士頓派，較原味貴30元。大小、口感基本上都等同原味波士頓派，只是把蛋糕跟奶油都換成巧克力口味，巧克力口味雖然香濃好吃，但是比原味稍甜，以致無法吃多，差不多一片就會膩，還是較推薦原味。

經過上次成功的出擊，小姑對波士頓派念念不忘，於是趁著某一天鳥先生載我來桃園上班之際，央求鳥先生繞道去買，一向疼愛妹妹的鳥先生，不但完成妹妹所托，也完成老婆想吃巧克力波士頓派的心願，一次帶回兩種口味的波士頓派，頓時讓寂寞的冰箱熱鬧起來。

往後如果征戰桃園、中壢等地，佳樂已成為我採買的重點之一。而其他網友推薦的佳樂水蜜桃派、芋泥派，賣相亦極為誘人，看來似乎可與台中薔薇派一較高低。

巧克力波士頓派

**團購達人 真心話**

相比之下，紅葉的波士頓派(8吋380元)雖較佳樂貴上50元，不過地處台北市，想吃波士頓派時，紅葉遠比佳樂來的親近易達，看來身為台北市民，只得接受高物價的殘酷現實。倒是原本也想讓同事們得嘗其佳樂蛋糕的美好滋味，沒想到桃園市送桃園縣，竟要10個以上才外送，門檻不低。

**info 佳樂藝術蛋糕舖**

桃園店

電話：(03)333-5339、(03)334-5914
地址：桃園市民生路124號
營業時間：08:00～22:00

中壢店

電話：(03)456-0222、(03)456-0396
地址：中壢市中北路二段418號
(合作金庫對面)
營業時間：08:00～22:00

大伙相招來團購！

| 品名 | 售價 | 免運費 | 保存期限 |
|---|---|---|---|
| 原味波士頓派 | 300元／8吋 | 400元以上可外送桃園市區及中壢市區 | 放在冷藏可保存3天，冷凍1星期 |
| 巧克力波士頓派 | 330元／8吋 | 1個宅配140元 | |
| 草莓蛋糕 | 380元／6吋 | 2～4個宅配190元 | |
| 芋泥派 | 400元／8吋 | 5～8個宅配240元 | |
| P.S.草莓蛋糕要8吋才外送！ | | 買10個送1個 | |

# 晴光市場

口氣不好也要吃

# 福利奶油大蒜法包

大蒜麵包堪稱女人的大忌，因為吃完後，會蒜氣衝天，令人退避三舍。不過福利的大蒜麵包，酥脆的外皮夾著濃稠的蒜香，就算吃了會口氣不好，還是不惜背水一戰。

好友衛斯理和鳥先生常常偷跑去晴光市場吃飯聊天，識相的鳥先生總會帶點東西回來進貢，以免太座不高興，下次被禁足。其中有兩樣貢品非常合我的意，就是「脆皮甜甜圈」和「福利奶油大蒜法包」。脆皮甜甜圈到處都有，但我就是特愛晴光市場這家，而福利奶油大蒜法包更是超級搶手貨，就算林中老鳥如衛斯理，也不一定都會買得到，得碰碰運氣。

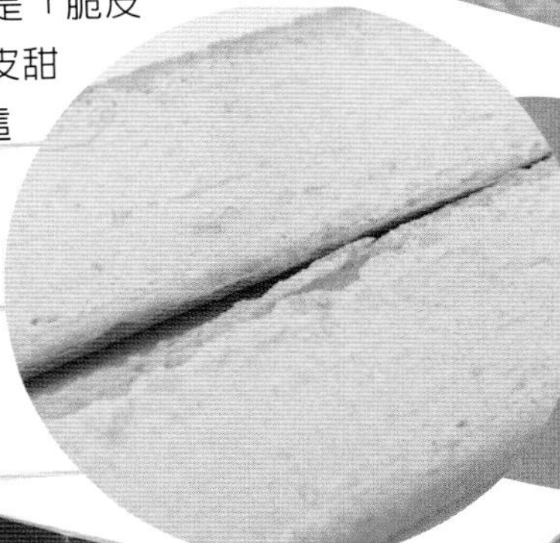

從外表就可看到微微溢出的大蒜奶油醬，扒開後即可看見兩邊都塗滿香滑濃郁的大蒜奶油醬！這款可擁有香酥餅皮和軟香大蒜奶油雙重享受，允嘉愛死了！

FLORIDA BAKERY
奶油大蒜法包
Buttered Garlic French Bread
福利麵包公司
WWW.BREAD.COM.TW

以紙袋包裝的奶油大蒜法包，長度保證超過30公分，但照片看不出大小，所以用10元當比例尺。

10元硬幣

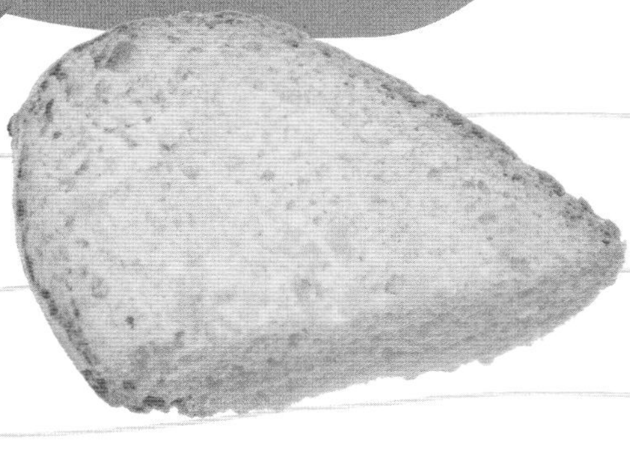

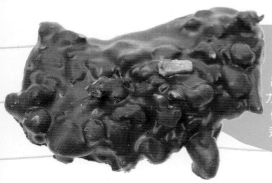

福利麵包另
一項人氣商
品：核桃巧克
力，據鳥先生說，
價格不便宜，味
道並不突出。

這大蒜麵包真不是普通的好吃，我跟允嘉兩個人邊吃
邊哇哇叫個不停，實在是太美味了！儘管座位周圍已
屑飛滿地，母子倆還是專注於咀嚼每一口所帶來的滿
足與幸福。至於本人亦鍾愛的脆皮甜甜圈，因為每次
一拿到就趁熱嘗鮮，不顧形象的沿路吃起來，以致於
還沒走到停車處就被我幹光了，所以沒有照片分享。

原本鳥先生猜測允嘉可能不愛法
包，心想大人有的吃，小孩怎
麼可以沒有！於是另外採買了
進貢給小少爺的藝術彩繪餅
乾。允嘉開心的選擇大象
吃下第一口。吃的時候還
會一手吃，一手接餅乾
屑，但吃完還是掉了滿
地啦！不過這餅乾外
形可愛顏色鮮豔，很是
吸引人。

## 大蒜法包出爐時間

早上9點半及下午3點左右。
*欲購買者，可先來電至各門市，請服務
人員幫您保留喔~~

## 大蒜法包
## 食用與保存方法

1.將大蒜法包段切成適當大小。
2.將未食用完畢的大蒜法包置於密封保鮮袋或保鮮盒
中，存放在冷凍/冷藏冰箱中。
3.在加熱回烤之前，請噴上少量的水於大蒜法包表面。
4.烤箱請以100℃烘烤3～5分鐘即可。

## 團購達人 真心話

這大蒜法包真的很香很酥很脆！好吃到沒話
說，但店家的免運費門檻極高(需達10,000元以
上)，而且運費以行政區劃分有所爭議，就有顧客反
應，運送地點離店址很近，然非隸屬中山區就要
加收180元運費，似乎不太合理，建議店家應重
新檢討運費的計算方法

## info 福利麵包

網址：http://www.bread.com.tw/
中山店
電話：(02)2594-6923
地址：台北市中山北路三段23-5號
營業時間：06:30～23:00
仁愛店
電話：(02)2702-1175
地址：台北市仁愛路4段26號
營業時間：06:30～22:00

### 大伙相招來團購！

| 品名 | 售價 | 保存期限 |
| --- | --- | --- |
| 大蒜法包 | 72元 / 條 | 室溫1天，冷藏7天冷凍1個月 |
| 核桃巧克力 | 175元 / 250g | 室溫30天 |
| 藝術彩繪餅乾 | 300～385元 / 300g | 室溫2個星期 |

芝玫
$220

# 輕乳酪蛋糕大對決 爽口輕柔

乳酪蛋糕中，以清爽美味的輕乳酪蛋糕最讓人沒有負擔。質地細柔綿密、香醇不厚重，柔軟如棉花糖般的口感，肯定吃半條都不自覺⋯⋯

Amo阿默
$220

日出大地
$280

# 輕盈乳酪蛋糕．大解密

### 滑口嫩滋味

乳酪蛋糕中，以清爽美味的輕乳酪蛋糕最擄獲人心。有別於
使擄心重量，濃軟的酪乳花纏蛋糕濃的口感，有的吃不慣細的平日最⋯⋯

**日出不捨** $280

**Amo 阿默** $220

Amo
Amo is your Best Choice

Cheese Mate

**芝玲** $220

福利麵包另一項人氣商品：核桃巧克力，據鳥先生說，價格不便宜，味道並不突出。

這大蒜麵包真不是普通的好吃，我跟允嘉兩個人邊吃邊哇哇叫個不停，實在是太美味了！儘管座位周圍已屑飛滿地，母子倆還是專注於咀嚼每一口所帶來的滿足與幸福。至於本人亦鍾愛的脆皮甜甜圈，因為每次一拿到就趁熱嘗鮮，不顧形象的沿路吃起來，以致於還沒走到停車處就被我幹光了，所以沒有照片分享。

## 大蒜法包出爐時間

早上9點半及下午3點左右。
*欲購買者，可先來電至各門市，請服務人員幫您保留喔~~

原本鳥先生猜測允嘉可能不愛法包，心想大人有的吃，小孩怎麼可以沒有！於是另外採買了進貢給小少爺的藝術彩繪餅乾。允嘉開心的選擇大象吃下第一口。吃的時候還會一手吃，一手接餅乾屑，但吃完還是掉了滿地啦！不過這餅乾外形可愛顏色鮮豔，很是吸引人。

## 大蒜法包
## 食用與保存方法

1.將大蒜法包段切成適當大小。
2.將未食用完畢的大蒜法包置於密封保鮮袋或保鮮盒中，存放在冷凍／冷藏冰箱中。
3.在加熱回烤之前，請噴上少量的水於大蒜法包表面。
4.烤箱請以100℃烘烤3～5分鐘即可。

## 團購達人 真心話

這大蒜法包真的很香很酥很脆！好吃到沒話說，但店家的免運費門檻極高(需達10,000元以上)，而且運費以行政區劃分有所爭議，就有顧客反應，運送地點離店址很近，然非隸屬中山區就要加收180元運費，似乎不太合理，建議店家應重新檢討運費的計算方法。

### info 福利麵包

網址：http://www.bread.com.tw/
**中山店**
電話：(02)2594-6923
地址：台北市中山北路三段23-5號
營業時間：06:30～23:00
**仁愛店**
電話：(02)2702-1175
地址：台北市仁愛路4段26號
營業時間：06:30～22:00

### 大伙相招來團購！

| 品名 | 售價 | 保存期限 |
| --- | --- | --- |
| 大蒜法包 | 72元／條 | 室溫1天，冷藏7天 冷凍1個月 |
| 核桃巧克力 | 175元／250g | 室溫30天 |
| 藝術彩繪餅乾 | 300～385元／300g | 室溫2個星期 |

# 芝玫日式和風 輕乳酪蛋糕

7、8年前還在台北上班時，同事拿到一盒彌月蛋糕，好心的切了一小塊與我分享，這一口下去可不得了，怎麼有蛋糕這麼好吃！？蛋糕體本身非常細膩鬆軟，口感清新爽口，一整塊吃完，完全不膩口，頓時幸福與滿足感全然湧上！那次雖有抄下地址，卻糊里糊塗的把這美味給遺忘某處，直到某天在朋友的網誌上瞧見這似曾相識的包裝，仔細一讀內文，終於解開它的面紗，原來它的名字叫「芝玫」。

## 輕乳酪

強調低糖、低脂肪、低熱量的健康做法，完完全全的香濃蓬鬆，入口即化，每一口滿足感百分百！吃得我滿心感動！睽違多年，美味依舊在～

## 重乳酪

芝玫的重乳酪蛋糕個人覺得比「天母吃吃看」還讚，跟「古亭三槐堂」有得比，口感跟輕乳酪截然不同，完全是另一種100%的滿足感！

**魔鬼甄的最愛！**

入口即化，香濃蓬鬆的芝玫乳酪蛋糕，不大大的推薦給朋友怎麼行！

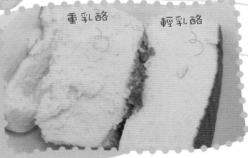

這美好的滋味，真的很想與眾多好朋友分享，如果第二胎有幸生女孩，彌月蛋糕的首選毫無疑問就是它了！

**info** 芝玫乳酪蛋糕專門店
網址：http://www.cheesemate.com.tw
電話：(02)2835-6956
地址：台北市士林區德行東路89號
營業時間：09:00～22:00

# Amo阿默 日本高鈣乳酪蛋糕

阿默的蛋糕口味很多，日本高鈣乳酪蛋糕是最早開發的創店之作，口感細膩又富彈性。除了日本高鈣乳酪蛋糕、法國天然芒果乳酪蛋糕、台灣蜂蜜千層蛋糕、日本真咖啡蛋糕，以及荷蘭貴族手工蛋糕等，於展示櫃前一望，每個看來都非常可口誘人，光是挑選就耗時許久。

**info** Amo阿默典藏蛋糕
網址：http://www.amo.com.tw/
萬華總店
電話：(02)2306-3752
地址：台北市艋舺大道184號1樓
營業時間：09:00～21:00（周一～周六）、09:00～19:00（周日及國定假日）

我們這次買的日本高鈣乳酪蛋糕屬於輕乳酪蛋糕，看起來跟一般蜂蜜蛋糕沒兩樣，但是吃起來口感香Q細軟，入口即化，低糖降脂富含鈣質，整個不小條，卻不出幾分鐘就被家人瓜分完畢，根本來不及看到店家在盒裝上的貼心備註：「食用前取出放置10~15分鐘風味更佳」。

## 日出大地 乳酪蛋糕

日出大地的乳酪蛋糕，大小為方形，一盒切作8塊，有6種口味，計有原味、榛果楓糖、純朱古力、綠茶山藥、黑色曼巴、蘭姆伯爵。除原味之外，其他的口味都相當特殊，然而屬於守舊派的我，總是不敢嘗鮮，永遠只敢保守的點個原味帶回家。日出是間堅持品質及很有環保概念的商家，完全不添加麵粉及奶油，採用進口頂極乳酪製作，鼓勵環保，自備容器或攜回乾淨的紙盒可以折10元。

**允嘉的最愛！**
外帶日出大地的乳酪蛋糕至台中美術館一遊，在綠蔭及微風的輕拂下品嘗，真是快活！

日出大地的原味乳酪蛋糕，介於重乳酪蛋糕及輕乳酪蛋糕之間，口感綿密用料實在，捨去油膩的派皮，有著濃濃的乳酪味，卻又隱含著一股清爽的滋味，雖未如前兩家那般的入口即化，但也很順口，如果嫌輕乳酪蛋糕太淡但又無法接受重乳酪的朋友，日出的乳酪蛋糕將是你不錯的選擇。他們家還曾出版一本乳酪食譜，設計精美讓人再三把玩！

### 日出·大地
網址：http://www.dawncake.com.tw/
宅配專線：(04)2375-1949
大地店
電話：(04)2376-1135
地址：台中市西區五權西三街43號
營業時間：10:00～21:00

## 超級比一比！誰是大贏家

入口即化（口感）比一比
芝玫＞AMO＞日出
乳酪味（香味）比一比
日出＞AMO＞芝玫
清爽耐吃(好感度)比一比
三家都不錯！

| 品名 | 芝玫 | Amo阿默 | 日出大地 |
|---|---|---|---|
| 價格 | 220元 | 200元 勝 | 280元 |
| 外觀尺寸 | 長條狀 加厚兩層 勝 | 長條狀 | 方形 分割8塊 |
| 口味 | 香濃蓬鬆 勝 | 細膩又富彈性 | 綿密用料實在 |
| 包裝 | 平凡簡單的盒裝 | 典雅的黑色包裝 勝 | 設計有概念，包裝環保 |
| 整體滿意 | 入口即化的 夢幻口感 勝 | 香Q細軟 不甜膩 | 濃濃的乳酪味 一吃再吃難停手 |

## 大伙相招來團購！

| 品名 | 售價 | 優惠及運費計算方式 | 保存期限 |
|---|---|---|---|
| 芝玫 | 220元/盒 | 1～6盒運費140元 7～10盒運費20元/盒 11～15盒運費10元/盒 16盒以上免運費 | 請儘速冷藏，於4天內食用。 |
| Amo阿默 | 200元/盒 | 5,000元以上免運費 | 室溫16小時內，須放入冰箱冷藏，並於3天內食用完畢 |
| 日出大地 | 分280元、380元 兩種價錢 | 單次訂購未滿3,000元，另加運費130元。訂購100盒以上，享九折優惠 | 4天 |

**團購達人 真心話**
以上3家乳酪蛋糕，都令人回味無窮，尤其乳酪含鈣量是牛奶的10倍，想吃而怕肥的朋友們，至少可以以此來安慰自己。

# 香帥 芋頭蛋糕

芋泥香又多

## 長芋頭蛋糕 $170

香帥麵包店是間不起眼小店,店裡也沒看到什麼麵包,卻只見老闆娘低頭坐在電腦螢幕前,忙碌處理著網路上大量湧進的訂單。

## 綠豆派 $230

這次我們選購了網路上最好評的長芋頭蛋糕和綠豆派。芋頭蛋糕包裝很平凡不花俏,打開來會先看到一張雕花的紙墊,裡面包著的就是香軟好吃的長芋頭蛋糕,蛋糕外型簡單樸實不花俏,3層海綿蛋糕加上兩層厚實芋泥,芋泥厚度直逼海綿蛋糕,實在驚人!切片享用時,每一口都能充分享受到蛋糕的軟綿細緻和芋泥的濃郁香氣,有時甚至會吃到香軟的芋頭顆粒,而且蛋糕加上芋泥,兩者結合甜度適中,吃多也不膩。店家不時有促銷商品或促銷價推出,想一嘗美味的人,不妨隨時去看看有什麼好康可撿!

香帥蛋糕的另一項特賣商品就是綠豆派,盒子與外觀都雷同佳樂的巧克力波士頓派,惟SIZE略小,價錢亦便宜許多。由剖半圖可以看到由巧克力蛋糕包覆的滿滿綠豆奶油內餡,雖然盒子上寫的是冷藏,但還是建議冷凍食用,取出後待10分鐘回溫,口感會像冰淇淋蛋糕,且多了綠豆冰砂的顆粒感。

## 大伙相招來團購!

| 品名 | 售價 | 運費優惠及計價方式 | 保存期限 |
|---|---|---|---|
| 長芋頭蛋糕 | 原價230元 特價170元 | 滿1,000元以上,不限縣市,免運費;未達1,000元,需支付150元宅配運費。 | 蛋糕類賞味期限:當天食用最新鮮,如需冷藏(5℃)以下可以保存3天;一般室溫下可維持3～4小時,否則必需冷藏。 |
| 綠豆派 | 230元 | | |
| 精緻芋頭+精緻紅豆雙色組 | 原價230元 特價170元 | | |
| 芋泥捲 | 240元 | | |

## 團購達人 真心話

芋頭蛋糕和綠豆派除了夠味好吃外,便宜也是香帥蛋糕最大特色,下次還要再試試網路上好評的另外兩種蛋糕:芋頭紅豆雙色蛋糕和更多芋泥的芋泥捲!

**info** 香帥蛋糕

網址:http://www.scake.tw/　電話:(02)2648-6558
地址:台北市羅斯福路三段100-1號 (捷運台電站4號出口)
營業時間:08:30～22:30(周日公休)

# 屏東乳酪先生烘焙屋 乳酪蛋糕

超迷你 超貼心

從北到南，網路上讓人瘋狂團購的乳酪蛋糕店家有很多，最新掘起的屏東乳酪先生，算是離台北最遠的店家，其小巧可愛的原味起士、黃金焦糖和黃金酒派乳酪蛋糕是其三大招牌商品。

**原味起士**
5吋 $250

**黃金酒派**
5吋 $250

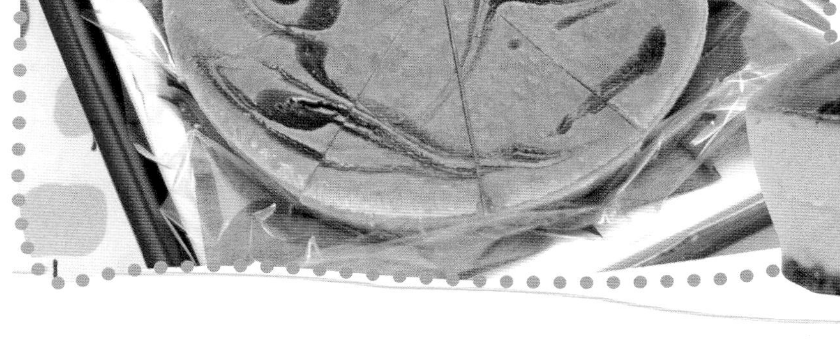

屏東乳酪先生的乳酪食譜計有黃金酒派、法國紅酒蔓越莓、黃金焦糖、原味起士、綠色精靈(檸檬)、抹茶相思、咖啡濃情、醍釀紅麴、精選培根起士等9種口味，除抹茶相思、醍釀紅麴、精選培根起士、咖啡濃情5吋280元之外，其餘售價皆是5吋250元。

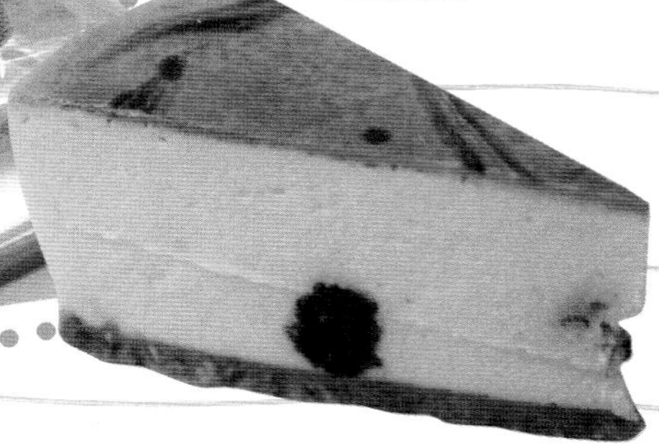

剛拿到手時就被其小而精緻的盒裝嚇到
掀開盒蓋後，裡面的乳酪蛋糕更是出乎意料的迷你
這應該是個人目前為止吃到最小最小的圓型乳酪蛋糕

黃金酒派

初次品嘗，我們訂購了兩種好評口味：原味起士和黃金酒派。

原味起士

乳酪先生隨盒附上一個小信封，裡面有完整的商品目錄、產品特色和賞味保存方式，感覺上非常用心經營網購族群，除此之外，還附上收據明細，真是誠實報稅的優良商家。

採用澳洲天然高鈣乳酪搭配加拿大楓糖製作而成的起司蛋糕，試吃後的感想：原味起士乳酪蛋糕果然如店家所說的滑嫩香甜，吃完一片還有意猶未盡的感覺。至於表面由純巧克力拉出大理石花紋的黃金酒派乳酪蛋糕，淡淡酒香加上點綴其中的葡萄乾，滋味又比原味起士來的豐富多變化，鋪在底層的餅乾體非鬆脆口感，而是與蛋糕主體較一致的溼潤口感，兩者結合相得益彰，更添美味。

**團購達人 真心話**

個人比較好奇的是乳酪先生的另一樣商品「奶酪」，網路上還找不到食後心得，不然依其乳酪蛋糕的水準，會想訂來嘗鮮，倒是運費計算，購買5盒換算下來，竟然比4盒還貴，實在是很有趣的現象！

其實這類重乳酪蛋糕不論多好吃，還是會膩口難以吃多。所以屏東乳酪先生的切片尺寸設計的恰恰好，吃完一片，即達滿足但無負擔的完美境界。這類甜點搭配紅酒、花茶或咖啡一起享用，又是貴婦下午茶該聚會的時刻。

**info 屏東乳酪先生烘焙屋**

網址：http://www.mr2005cheese.com.tw/
電話：(08)723-8782
地址：屏東縣麟洛鄉中華路27-1

其他暢銷店家一覽
芝玫乳酪蛋糕專門店 請見P.28

**大伙相招來團購！**

1～4盒運費140元、5～7盒運費190元、8盒以上免運費

| 售價 | 運費 | 總計 |
|---|---|---|
| 1盒250元 | 140元 | 390元／盒 |
| 2盒500元 | 140元 | 320元／盒 |
| 3盒750元 | 140元 | 297元／盒 |
| 4盒1,000元 | 140元 | 285元／盒 |
| 5盒1,250元 | 190元 | 288元／盒 |
| 6盒1,500元 | 190元 | 281元／盒 |
| 7盒1,750元 | 190元 | 277元／盒 |
| 8盒2,000元 | 0元 | 250元／盒 |

# 花蓮提拉米蘇

香軟的起司蛋糕體甜中帶微苦,甜度恰恰好,底部酥脆的餅乾是最特別的地方,size雖然不大,也不是正統提拉米蘇,但以價格和商品口感表現來論,還算是物超所值。

提拉米蘇精緻蛋糕目前在台北有兩間門市,一間在復興南路二段上,一間在承德路一段。承德店的店面風格類似85度C和一般平價咖啡廳,重點是所有的蛋糕都有切片可買,大部分一片為25元。

**允嘉的最愛!**
提拉米蘇雖屬於成人口味,但調整過後,小孩也能接受。

**紅豆派**
切片 $25
紅豆結合乳酪,滋味也不錯,但有點略甜。

**重乳酪蛋糕**
切片 $40
口感偏向鬆軟,搭配下層好吃的餅乾底加分不少!

**紅櫻桃派**
切片 $25
由於本人不愛櫻桃,據鳥先生的說法,有點酸,不過還算好吃。

**黑岩蛋糕**
切片 $25

優格起士搭配上下兩層的黑岩,連允嘉都愛!這黑摸摸的黑岩,微苦鬆脆吃起來很像餅乾。

魔鬼甄的最愛!
由CHEESE與酸奶組合的優格起士,上下搭配黑岩餅乾,香氣芬芳,極富特色。

上面的芒果膠過份搶味,還是原味好吃!

**芒果提拉米蘇**
切片 $25

**白巧克力蛋糕**
切片 $25

表層的煉乳過甜,失敗!

**栗子蛋糕**
切片 $30

口味一般,夾層鋪了號稱日本進口「甘露煮栗子粒」,但栗子味卻不突出,蛋糕體採長崎蜂蜜蛋糕做法,口感綿密。

### 團購達人 真 心 話
根據網友葛蘿親臨花蓮本店留下不好的印象,希望店家在賺錢後,秉持著回饋的心,除了擴址開分店,更應改善內部製造環境,兼顧衛生與品質,好回報消費者廣大的支持,這才是大家的福氣。

### 大伙相招來團購!

| 品名 | 售價/個 | 宅配辦法 | 保存期限 |
|------|---------|----------|----------|
| 提拉米蘇 | 220元 | 1個蛋糕:140元<br>2〜5個蛋糕:190元<br>6〜14個蛋糕:240元<br>大量訂購另有優惠 | |
| 黑岩蛋糕 | 280元 | | 冷藏2天 |
| 紅豆派 | 250元 | | 冷凍4天 |
| 提米蛋糕 | 250元 | | |

**info**

## 提拉米蘇精緻蛋糕

官網:http://www.tiramisu.com.tw/
總公司
電話:(03)852-6722
地址:花蓮縣吉安鄉南山五街3號
營業時間:08:00〜12:00,
13:00〜18:00(周一〜周六)
承德店
電話:(02)2558-6758
地址:台北市承德路一段55號
營業時間:10:00〜20:30
復興店
電話:(02)2325-6578
地址:台北市復興南路二段162號
營業時間:10:00〜20:30

# 新竹新美珍 永遠忘不了 布丁蛋糕

巧克力

以口感、風味、健康為訴求的新美珍布丁蛋糕，雖有著平淡無奇的外貌，但堅持以不加一滴水的品質，呈現道地古早的真味。

原味

**允嘉的最愛！**

巧克力蛋糕，除了味道較常吃的雞蛋糕香濃，柔軟度更是大獲全勝。

在網路上紅透半邊天的新美珍布丁蛋糕，實在等不及團購的時間，於是乎趁著周末出遊，一路殺到苗林，把這味大家都讚不絕口的好味道，給直接抱回家！

打開一瞧，其實就是小時候常在麵包店裡買的10元海綿蛋糕，只是尺寸放大好幾倍。外表不但樸實還表現不太優，表層呈現龜裂狀態，切開後既無奶油也無水果調味，然而一口咬下，令人不禁發出讚嘆聲。綿密鬆軟的蛋糕，完全不膩口，單純得很，讓人一口接一口，連吃了2、3塊都還不會膩，我們一家三口就在不知不覺中就把它給喀光了！

**魔鬼甄的最愛！**

最具古早風味者非原味莫屬，吃新美珍頓時像坐上時光機，重回小時候，那個最常吃海綿蛋糕的年齡。

黑糖

**鳥先生的最愛！**

顏色較原味深的黑糖，帶著高雅的風味，難怪允嘉乾媽與鳥先生這對不時以好朋友相稱，這時口味倒是很一致。

現做蛋糕最好24小時內食用完畢，超過時間就要放冰箱保存，但如此會使原本鬆軟口感的蛋糕變硬，最好趁早吃完。

黑糖　原味　巧克力

福源
花生醬

細細細細細軟軟軟軟綿綿綿綿……的極品海綿蛋糕排排站。3種口味各有擁護者，皆不孤單。而且原本就不愛甜食的天兵鳥先生，竟然拿福源花生醬沾原味蛋糕來吃，真是奇怪的組合！

## 團購達人 真心話

好吃又便宜，一向是我推崇商品的最佳依循。但礙於最佳鑑賞期只有1天（常溫保存狀態），還是不宜過量，買1、2個與家人朋友趁鮮享用即可。像我一樣猴急的人，可直接到現場購買不須預約，但如果量超過10個，最好事先打電話確認較為保險。

### 大伙相招來團購！

黑糖蛋糕80元，原味蛋糕70元，巧克力蛋糕70元，一箱42個免運費（單一收件地址），不足42個以宅配尺寸計算自付。

**Info 新美珍布丁蛋糕**

電話：(03)592-3404
地址：新竹縣芎林鄉文昌街40號
營業時間：08:30～19:00(周日公休)

34

# Part 3

# 零食點心

生活中的樂趣之一就是吃著零食看電視，牛軋糖、蛋捲、捲心酥、海苔
今晚你選那一樣？

美味牛軋糖大對決

古府城古早味手工烤布丁

黑師傅捲心酥V.S.得倫哈皮捲心酥

BAXTER GELATO 義大利手工冰淇淋

台港熱門蛋捲大對決

勢均力敵的得倫&寬泓海苔

星野銅鑼燒

# 美味牛軋糖 口味大車拼

**年節送禮第一首選**

聯翔牛軋糖
1公克 $0.4

大黑松小倆口 牛軋糖
1公克 $0.36

木柵茶葉 牛軋糖
1公克 $0.3

牛軋糖是逢年過節送禮的好選擇之一，小小的一根，卻蘊藏幸福的好滋味。以前的印象只有大黑松小倆口的牛軋糖最好吃，這幾年各式團購牛軋糖突然熱門了起來，除了體積小，吃進胃裡不太佔空間，濃郁幸福的滋味更是引人一口接著一口，各家皆熱賣不已，這下可便宜了味蕾，卻苦了腰下的那團肥肉！

台中日出大地
1公克 $0.6 牛軋糖

米提爾牛軋糖
1公克 $0.4

稻喜田 牛揸糖
1公克 $0.4

新新牛軋糖
1公克 $0.4

牛軋糖是過年前後家裡火紅的年節禮物之一，這幾年下來，我一共吃過7種知名的牛軋糖，分別是：稻喜田牛揸糖、聯翔、米提爾、台中日出大地牛軋糖、木柵茶葉牛軋糖、大黑松小倆口及新新牛軋糖，其中稻喜田強調手工製作，聯翔的保存期限短，米提爾可是網路上常常有錢也買不到團購聖品之一，日出大地綜合口味牛軋糖，外盒包裝像本書，木柵茶葉牛軋糖則有濃郁的茶香味，大黑松小倆口是老字號，新新則是基隆當地名產。7種牛軋糖吃起來各有特色及風味，不難想像為什麼牛軋糖會這麼受歡迎！

## 稻喜田牛揸糖

原味

楓糖

　　稻喜田牛揸糖的可愛包裝，牛軋特意改成牛「揸」，還加上注音，用以強調是手工製作，稻喜田有一種第一次嘗到的新鮮口味：楓糖口味牛軋糖，跟一般原味牛軋糖比起來，多了楓糖香氣就是不一樣，甜味醇厚許多。

稻喜田牛揸糖內包裝非常可愛，和米提爾、聯翔、日出大地等有名的牛軋糖相同，都是杏仁顆粒、奶香濃濃、香軟不黏牙。

楓糖

原味

### info 稻喜田牛揸糖

電話：(04)882-3199
地址：彰化縣溪湖鎮東溪里員鹿路一段581號
營業時間：09:00～21:00

手工製作的價格，卻只要240元／600g
**應該算是熱門團購牛軋糖裡面最便宜的**
這麼有良心的商家理所當然要推一下囉！

## 聯翔牛軋糖

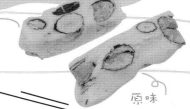

聯翔餅店牛軋糖因不加防腐劑，因此保存期限非常短，只有半個月，買回在最佳美味期間內解決才行。要在網路上瞧到它的1公斤包裝，是手提錢包包裝盒，相當別緻具新意。

　　聯翔餅店的牛軋糖稱做杏仁果牛奶鬆糖，為兩色密封包裝，但裡面都是杏仁牛奶口味，沒有差別。

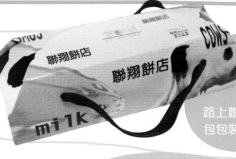

硬中帶軟，軟中帶硬，奶味香濃的杏仁果牛奶鬆糖，是台中聯翔餅店的四大天王之一，其餘三大天王分別是牛奶糖麵包、銅鑼燒及綠豆皇。

### info 聯翔餅店

網站：http://riciansdajia.emmm.tw/
電話：04-26881663
地址：台中縣大甲鎮順天路162號
營業時間：08:00～22:00

# 米提爾牛軋糖

米提爾牛軋糖奶香濃郁，夾雜杏仁粒的牛軋糖口感紮實，感覺上用料很實在。

買圓型禮盒裝，送禮自用兩相宜，盒身印有可愛的乳牛圖案，吃完可拿來收納些小東西。這家來自台中的名店，火紅到有錢也買不到，聽說得6個月前預訂才拿得到貨，就算親臨當地取貨也要大排長龍，真的很屌。

## 米提爾牛軋糖專賣店

info

網站：http://hipage.hinet.net/mi_ti_er
電話：(04)2315-0585、(04)2312-1040
地址：台中市寧夏路220號
營業時間：15:00～22:00 (周一～周六)

# 日出大地 牛軋糖

金牌咖啡

日出大地牛軋糖包裝別具巧思，外盒精緻的像本書。

原味

魔鬼甄的最愛！

本人的最愛是最貴最軟的日出大地原味牛軋糖，記得上次請住台中的友人幫忙帶一盒上來，他看到小小一盒糖竟然要價如此，馬上打電話確認是否還要購買，愛吃的話真的很傷本！

【 勤快勤快，有飯閣有菜。 】

每個包裝紙上還印上不同的台灣俗諺，標榜吃糖還要讀書，煞是有趣。計有原味、金牌咖啡及鹹牛傳奇3種口味。

金牌咖啡

允嘉的最愛！

允嘉和我一樣最愛日出大地的超軟牛軋糖。

原味

日出選用完整的杏仁豆與低糖牛奶製成，尺寸較其他家細又長，約莫兩倍長，在口味方面，金牌咖啡較屬成人口味，常保赤子之心的我則偏愛最單純的原味。日出大地的牛軋糖質地非常柔軟，一經咀嚼奶香全化在嘴裡，夾在其中的杏仁粒增添酥脆感，微甜但不黏牙，越吃越順口，不一會兒3、4根即消失於無形，雖是低糖牛奶，但還是要注意熱量！

## 日出大地牛軋糖

info

網站：http://www.dawncake.com.tw/
電話：(04)2376-1135
地址：台中市西區五權西三街43號
營業時間：15:00～21:00

# 木柵鐵觀音茶葉牛軋糖

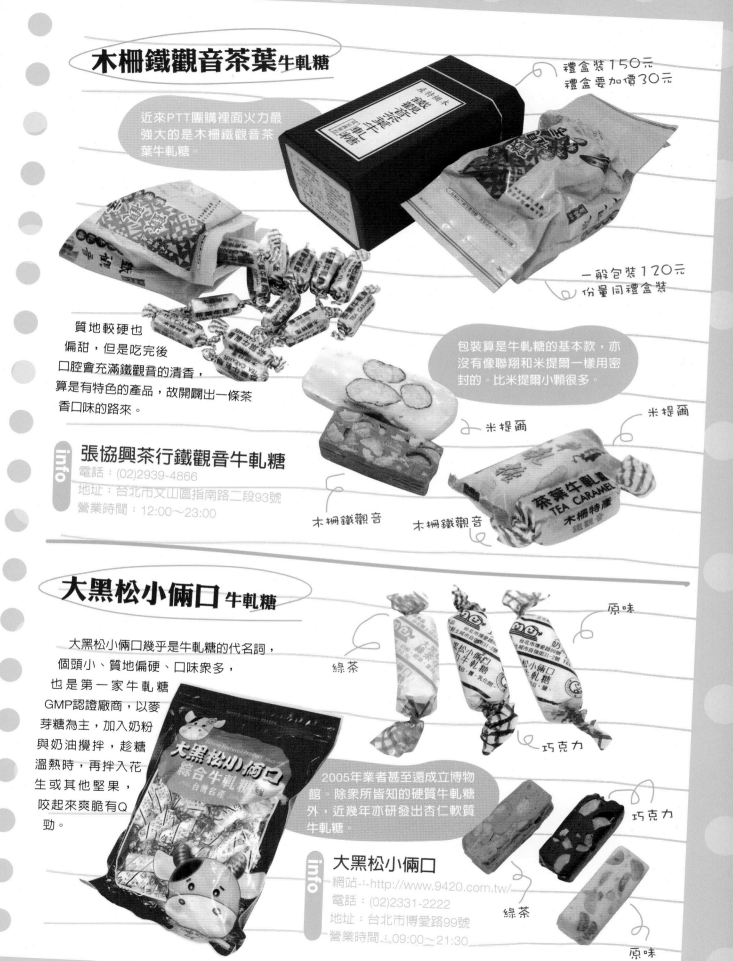

禮盒裝150元
禮盒要加價30元

近來PTT團購裡面火力最強大的是木柵鐵觀音茶葉牛軋糖。

一般包裝120元
份量同禮盒裝

質地較硬也偏甜，但是吃完後口腔會充滿鐵觀音的清香，算是有特色的產品，故開闢出一條茶香口味的路來。

包裝算是牛軋糖的基本款，亦沒有像聯翔和米提爾一樣用密封的。比米提爾小顆很多。

米提爾

米提爾

## info 張協興茶行鐵觀音牛軋糖
電話：(02)2939-4866
地址：台北市文山區指南路二段93號
營業時間：12:00～23:00

木柵鐵觀音

木柵鐵觀音

# 大黑松小倆口 牛軋糖

原味

綠茶

巧克力

大黑松小倆口幾乎是牛軋糖的代名詞，個頭小、質地偏硬、口味眾多，也是第一家牛軋糖GMP認證廠商，以麥芽糖為主，加入奶粉與奶油攪拌，趁糖溫熱時，再拌入花生或其他堅果，咬起來爽脆有Q勁。

2005年業者甚至還成立博物館。除眾所皆知的硬質牛軋糖外，近幾年亦研發出杏仁軟質牛軋糖。

巧克力

## info 大黑松小倆口
網站：http://www.9420.com.tw/
電話：(02)2331-2222
地址：台北市博愛路99號
營業時間：09:00～21:30

綠茶

原味

39

# 新新 牛軋糖

基隆名產的新新牛軋糖有原味及巧克力兩種，巧克力對我而言偏甜，原味較剛好，包裝亦採密封，稍有嚼勁。

之前鳥先生最愛的花生口味牛軋糖就是大黑松小倆口，不過在吃了新新牛軋糖之後也覺得這家口感和大黑松小倆口不分上下，這家牛軋糖在我家防潮箱竟然待不過3天，某人說他不愛甜食，真是鬼才相信，不過牛軋糖就是有收服不愛甜食人的魔力。

新新

大黑松小倆口

**鳥先生的最愛！**

以鳥先生偏老人家的習性，愛舊式的口味，原味的以新新勝出，另對充滿茶香花生香和咬勁十足的木柵鐵觀音茶葉牛軋糖亦念念不忘。

## 新新牛軋糖 info

電話：(02)2422-5009、0910-934-049
地址：基隆市義二路2巷15號
營業時間：10:00～19:00 (平日)、10:00～21:00 (假日)

於是在我們家，牛軋糖也分兩派，鳥先生愛吃富有嚼勁的牛軋糖，最好是那種咬在嘴裡可發出卡滋卡滋的聲音，他覺得那才叫吃牛軋糖！本人則偏愛柔軟口感，越軟越愛！最好有那種入口即化的新產品出現，所以這項產品多種品牌進入我家，夫妻倆完全沒有爭食血腥的殘忍畫面，有的只是孔融讓梨般謙卑和諧的景象。

## 團購達人 真 心 話

基本上，網路熱門團購的牛軋糖口味都不差，新式的多採杏仁口味，口感偏軟，包裝精美，價位亦高，標榜不含防腐劑，保鮮期特短，吸引的主要客群為年輕網購族群。每到年節送禮期間，各家牛軋糖都供不應求接單接到手軟，請記得提早預訂，以免來不及送禮。另外，再次提醒大家：牛軋糖最好趁鮮食用，放置越久質地會生硬，吃軟不吃硬的朋友，千萬要把握黃金賞味期限。

### 大伙相招來團購！

| 品名 | 售價 | 運費及優惠說明 | 保存期限 |
|---|---|---|---|
| 稻喜田牛軋糖 | 袋裝300g/ 120元<br>夾鏈袋裝600g/ 240元<br>禮盒裝900g/ 360元 | 需購滿1,200元才有宅配<br>1,200~4,800元酌收100元運費<br>4,800元以上免運費 | 1個月 |
| 聯翔餅店<br>杏仁果牛奶鬆糖 | 300g / 160元<br>600g / 320元 | 5,000元以下基本運費140元<br>5,000元以上免運費 | 15天(最佳賞味期) |
| 米提爾牛軋糖 | 牛奶原味紙袋裝600g / 240元<br>皮包式盒裝600g / 240元<br>皮包式盒裝750g / 300元<br>圓型禮盒裝1100g / 400元<br>可可牛奶目前僅提供紙袋裝600g /<br>260元 | 5,000元以下運費100元<br>5,000元以上免運費<br>10,000元以上免運外加產品9折<br>優惠 | 1個月 |
| 日出大地牛軋糖 | 金牌咖啡400g / 300元<br>鹹牛傳奇400g / 350元<br>原味與咖啡400g / 280元<br>日出原味400g / 250元 | 3,000元以下運費130元<br>超過3,000元免運費 | 1個月 |
| 張協興茶行鐵觀音<br>牛軋糖 | 塑膠包裝450g / 120元<br>禮盒包裝多30元 | 1,200元以下運費100元<br>1,201-2,399元運費 50元<br>消費2,400元以上免運費 | 2個月 |
| 大黑松小倆口 | 一包500g / 180元 | 運費以箱為單位，一箱可裝40<br>包運費100元，特價三包500元 | 2個月 |
| 新新牛軋糖 | 一包500g / 200元 | 20包以上免運費<br>50包以上產品打9折。 | 40天 |

# 府城 古早味手工烤布丁

記憶中的好味道

烤布丁包裝小巧紮實，布丁的大小介於統一布丁和剉冰布丁中間，底部焦糖和布丁口感則較類似一般的剉冰布丁。

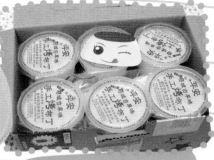

小巧紮實可愛的包裝，上面還有一張可愛的卡通布丁紙卡，分上下層，每一層各6個。

店家表示，聽府城老長輩說起，據清光緒21年在日本統治的時代，由日本傳入台南一種甜點—「烤布丁」，成為眾所皆知的台南府城安平名產之一。時至今日店家不斷尋根溯源，經由日本名甜點老師傅森里先生指導，將此傳統配方重新轉移至台灣，依照傳統製成及獨特配方還原古早味。

烤布丁底部焦糖狀態如左下圖，表層有一層微皺較硬的薄皮。店家的網頁上說，是選用新鮮雞蛋、鮮乳及焦糖調製，經過高溫蒸煮燒烤後，散發濃郁蛋香及奶香。我們吃的口感是布丁的雞蛋味濃厚質地緊實，不似統一布丁那般滑嫩，焦糖部分則微苦偏甜。小允嘉見狀迫不及率先試吃，個性小心謹慎的他，先挖一小口細細咀嚼其味道，一發現合他的口味，馬上大口大口的吃。小小一個手工布丁，吃完一個就會有意外的飽足感，我們一家三口沒人能繼續進攻第2個。

## 大伙相招來團購！

烤布丁一個15元，一盒12個180元，三盒以上免運費，一律貨到付款，今天訂明天送；或是全省指定丹比喜餅門市自取。低溫冷藏5～7天。團體集購單點送貨以12盒一箱出貨可以議價。

## 團購達人 真心話

其實布丁一向非我家必備食糧，原因當然是在小妹的甜點排行榜裡，豆花>杏仁豆腐>奶酪>優格>布丁，吊車尾的布丁，自然平常不太受親睞，不過這府城古早味手工烤布丁小允嘉愛，鳥先生也覺得OK，以其價位及迅速服務取勝。

## info 府城古早味手工烤布丁

網址：http://tw.myblog.yahoo.com/o932983843/
電話：(06)253-5300 、0932-983-843
地址：台南縣永康市南台街9-2號

41

**黑師傅捲心酥**
約60根/罐 $120

# 決戰
# 捲心酥

望眼欲穿的零嘴

網路上長
紅的人氣
商品「黑師
傅」，想吃到它，
需經過兩樣試鍊：打電話
打到沒力及等到地老天荒，現在則還要
掏出更多的銀兩，天吶！

**得倫哈皮卷心酥**
約50根/罐 $120

捲心酥，其實就是像「脆笛酥」一樣，細細長長的，裡頭捲了各式各樣口味的內餡。黑師傅之所以爆紅，原因無他，就是新鮮便宜又好吃。一罐裡面，少說有60枝，如此超值，再加上內餡滋味豐富多樣化，自然造成熱賣。

到底熱賣到什麼程度呢？從下單至到貨少說3個月、甚至半年之久，而他的訂購專線會依照接單及出貨狀況而有所限制，例如只開放08:00～11:00，有網友形容，它是世界上最佔線的電話！此話一點也不假，即使好不容易打進去，還限制一通電話只能訂購72罐，有時店家甚至為了消化現有訂單，而暫停電話訂購，想要購買的消費者，可不時要有「長期抗戰」的心理準備！

有一年過年前，鄰居阿伯神秘的用報紙包了一罐東西送來家裡，打開一瞧，竟然是超級難買到的黑師傅捲心酥，馬上詢問阿伯是怎麼入手的，阿伯說：「因為他認識有人在黑師傅的工廠工作，所以家裡常常吃得到！」

雖說很早前已經吃過，但還是想細究其成功之道。二話不說，立刻去得倫買了同樣是黑糖口味的哈皮捲心酥來一較高下。

得倫以海苔打入團購的市場，夾著海苔的大量買氣，加買捲心酥湊數的顧客亦不少，也因為黑師父捲心酥等待期過長，想吃捲心酥的人轉而購入得倫的哈皮捲心酥，得倫的捲心酥有牛奶、草莓、巧克力、黑糖、咖啡等五種口味，除了咖啡125元／罐，其餘皆一律120元。

黑師傅的捲心酥口味有巧克力、草莓、花生、奶酥、咖啡及黑糖6種口味，草莓、巧克力、奶酥及花生一罐120元，黑糖貴10元，咖啡最貴135元／罐，雖然各種口味皆有其擁護者，但以黑糖口味最受好評！

黑師傅

得倫

黑師傅

先來比較開箱照，黑師傅是用一張紅油紙蓋著，而得倫還另外用鋁箔密封。從外觀來看，得倫捲心酥較厚，夾心的餡料也較多；光聞味道，兩個都有著濃濃的黑糖香。

得倫

我比較愛厚脆的得倫,而小姑及鳥先生比較喜歡薄酥的黑師傅,果然是從小一起吃到大的一家人!他們認為黑師傅的餡料分布較均勻,製作技術明顯較優,而得倫則因餡料過多而略甜,但以酥脆程度而言,絕對是得倫勝出。

黑師傅

得倫

得倫的外皮顏色較深,size較大支,嘗起來的口感較脆。

黑師傅

魔鬼甄
也推薦

得倫另一項值得推薦的小零嘴是「好one豆」,吃蠶豆不用剝殼,又有鹹酥甜香脆好味,雖然外觀紅通通令人卻步,但入口之後完全不辣,一不小心就整罐嗑光,慎之!!

## info 黑師傅比樂口捲心酥公司

網址:http://www.healthful.com.tw/
電話:(02)2992-2348
地址:台北縣新莊市化成路524巷42號

### 團購達人 真心話

捲心酥雖不同於一般傳統茶點的細緻,但價格便宜好入手,滋味豐富口感好,大人小孩都愛,只是黑師傅好吃是好吃,但沒有好吃到非得等上半年的價值,如果不耐久候,建議改吃3天訂購即送貨到府的哈皮卷心酥。

## info 得倫有限公司

網址:http://deulun.104vip.com.tw/chuansheng/
電話:(02)2252-9385
地址:板橋市文化路一段285巷17號

### 大伙相招來團購!

| 品名 | 售價 | 運費及優惠說明 | 保存期限 |
|---|---|---|---|
| 黑師傅捲心酥 | 120元 / 370g | 24罐以下宅配費用130元,24罐(兩箱)以上,免運費 | 半年 |
| 得倫哈皮卷心酥 | 120元 / 370g | 購物滿2,400元起,免費宅配服務;未超過者請加120元運送費(全省單一價) | 1年 |

# BAXTER GELATO

# 義大利手工冰淇淋

好姐妹Weiwei限時專送超級消暑好料「BAXTER GELATO義大利手工冰淇淋」，所有乳製品皆採用四方農場的有機鮮乳，聽說在新竹火紅到不行！

一盒要價不斐，Weiwei居然還一次送上三種口味：義式拿鐵(絕對限量)、法式香草和金枕榴槤。晚上一口氣就試吃了金枕榴槤和義式拿鐵，兩種冰淇淋一樣的質地綿密、不甜不膩，很順口。榴槤香氣逼人，可惜不敢吃榴槤的我，只敢淺嘗則止；義式拿鐵我就完完全全不客氣了，連續扒了好幾大口後，才被鳥先生制止。

**允嘉的最愛！**
天然香草豆混在濃郁的鮮奶中製成的法式香草，好吃到停不下來。

**金枕榴槤**　**義式拿鐵**　**法式香草**

話說這義式拿鐵冰淇淋，綿密中還夾雜著細細的咖啡粒，每一口盡是滿滿的咖啡香，其香味在口中久久不散。盒裝上標示著該產品是在接到訂單24小時內才完成，真材實料的新鮮貨，吃起來就是不一樣。

BAXTER標榜6大堅持，如完全採用天然的食材，拒絕任何一種人工添加劑和澱粉等，既然是這等講求及堅持下所出產的高品質冰淇淋，相信也可以較為放心讓小朋友多吃幾口。除了提拉米蘇、阿爾卑斯巧克力等固定口味之外，店家還會配合時令，推出季節限定口味：如西瓜、哈密瓜、芒果冰淇淋。

**魔鬼甄及鳥先生的最愛！**

義式拿鐵是粹取咖啡精華而製成，每天限量四盒，絕對香濃可口。

## 大伙相招來團購！

一次最少要訂購2盒，裝成一件，可以選擇2種不同口味，訂8盒(4件)以上免運費，3件(6盒)以下，需加收運費190元。
如果是新竹地區或交通時間在1個小時內可達的客人，只要訂貨一件(兩盒)以上，店家則招待自取的客人每人一球GELATO(最多4球)，不限口味每球價值60元。

## 團購達人 真心話

BAXTER GELATO義大利手工冰淇淋盒裝精緻，冰淇淋質地綿密，堪稱裡外合一，送禮很是體面。不過1公升裝容量確實不小，連愛吃冰的我，差一點趕不及在保存期限15天內解決，還是利用團購瓜分，較沒負擔。

## info BAXTER GELATO

網址：http://www.gelato.com.tw/
電話：(03)510-4520
地址：新竹縣竹東鎮自強路66號

售價：250元／盒
營業時間：10:00～21:00
冬天12:00～19:30（周日公休）

**福義軒**
$150／盒 **手工蛋捲**

**海裕屋**
$300／盒 **魚鬆蛋捲**

# 台港熱門蛋捲大對決
## 原味 與 肉鬆 的兩兩對戰

原味 與 肉鬆 的兩兩對戰

這段日子，我家儼然成為蛋捲的集散地，從福義軒手工蛋捲→奇華牛油雞蛋卷→金華肉鬆卷
→海裕屋魚鬆風味蛋捲，到目前為止，從沒間斷過，也都還沒吃膩。

**奇華牛油**
$340／盒 **雞蛋卷**

**榮華金華**
$39港幣／盒 **肉鬆卷**

蛋捲其實是很搶手也受歡迎的好伴手，逢年過節或是嘴饞想吃時，也都會買上一包。以往還不覺得蛋捲有什麼大不了的，總是在自家附近隨便買來過癮就好，這幾年蛋捲突然火紅了起來，現在連吃個蛋捲，也都要挑起品牌了！

## 福義軒 手工蛋捲

福義軒手工蛋捲，其禮盒包裝體面夠份量！宅配僅提供3種口味，有芝麻、咖啡和抹茶。除了常見盒裝之外，亦有塑膠拉鍊袋裝，上回網友Eva寄來的福義軒蛋捲，就是這樣的包裝，Eva還貼心的以超大泡泡棉加以保護，真是感動！

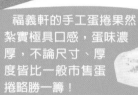

鳥先生的最愛！

用料紮實香濃可口，傳統包裝的福義軒手工蛋捲。

福義軒的手工蛋捲果然紮實極具口感，蛋味濃厚，不論尺寸、厚度皆比一般市售蛋捲略勝一籌！

### 福義軒食品廠有限公司

網址：http://www.fuyishan.com.tw/ec99/
style19/default.asp
電話：(05)236-4107
地址：嘉義市成功街98號
營業時間：08:00～20:00

## 奇華 家鄉牛油雞蛋卷

繼嘉義福義軒手工蛋捲之後，拜好友小鳳所賜，又吃到來自香港知名的「奇華家鄉牛油雞蛋卷」，一打開就可看見滿滿的牛油雞蛋卷，油香蛋香瞬間撲鼻，這款蛋捲幾乎可說是允嘉一人吃完的，這小子不但愛吃，還知道心懷感激，會一直問是誰送他這麼好吃的蛋捲，怎麼對他這麼好，很感謝阿姨之類的，不過最後一句仍不忘叮嚀：「吃完了還要再買喔！」目前國內亦有廠商引進，分為大盒（340元）、小盒（245元）兩種，包裝略有不同，但美味不變，想一嘗牛油雞蛋卷的美味，再也不用遠赴香港了！

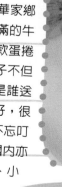

允嘉的最愛！

小巧可愛的奇華家鄉奶油雞蛋卷，size大小最合手。

### 韋樂禮品批發世界

網址：http://www.wellgift.com.tw
電話：(06)234-2222
地址：台南市東門路一段209號
營業時間：08:00～18:00

## 福義軒、奇華蛋捲 超級比一比！

**口感** 奇華雞蛋卷和福義軒蛋捲，在口感上是兩種極端，奇華口感香酥細緻，而福義軒則是厚實有份量。

福義軒

**尺寸** 奇華雞蛋卷的捲心厚度較薄，約為福義軒蛋捲的一半，好似胖子與瘦的身材。

奇華

福義軒

奇華

**包裝** 連外盒也是兩種極端，福義軒為傳統蛋捲包裝，而奇華雞蛋卷的外盒非常有質感，看網路上是請專家設計的，這鐵盒已經被允嘉預定成玩具收藏盒。

福義軒

奇華

每次看允嘉吃奇華雞蛋卷時，那種滿足幸福的表情，就讓人有股衝動想要托人從香港買個一卡車回家。好在現在也有廠商引進，這下不愁沒得買！

**以上PK結果** 兩種各有特色都好吃！奇華吃精緻酥脆，福義軒吃紮實傳統味！

## 榮華餅舖 金華肉鬆卷

榮華肉鬆卷因為一次從哥哥的女友手中吃到這款香江熱賣的點心，便愛上了它，回家後思啊念的，於是請James大哥從香港帶回。

榮華肉鬆卷外包裝比上次的奇華牛油蛋捲還多了層紙盒外包裝，但少了加封的第2層上蓋，就是銀色上層這個蓋，小鐵蓋上印的牡丹花，大方美麗，象徵榮華富貴，鐵盒側邊就可看到內容物「肉鬆卷」的模樣。

榮華肉鬆卷小巧可愛有質感，很像潤餅的簡易縮小版。從內餡照可以看到夾層肉鬆和大量白芝麻，最外面的蛋卷皮非常酥脆，口感近似餅乾而不像蛋捲，也因為如此，沒有福義軒和奇華蛋捲那種濃郁的雞蛋香。目前這款肉鬆卷在台灣還買不到，想吃的人可能還是得等等。

魔鬼甄的最愛！

榮華肉鬆卷酥脆可口，價格可親，機場免稅店最佳伴手禮。

## 海裕屋 艾格羅魚鬆風味蛋捲

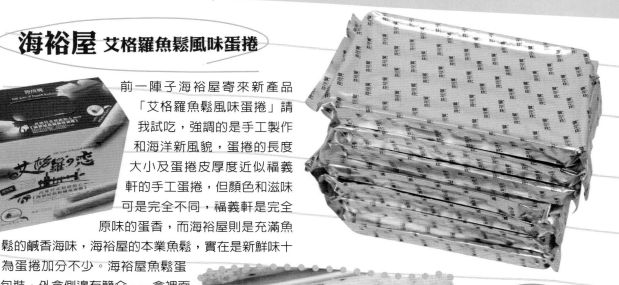

前一陣子海裕屋寄來新產品「艾格羅魚鬆風味蛋捲」請我試吃，強調的是手工製作和海洋新風貌，蛋捲的長度大小及蛋捲皮厚度近似福義軒的手工蛋捲，但顏色和滋味可是完全不同，福義軒是完全原味的蛋香，而海裕屋則是充滿魚鬆的鹹香海味，海裕屋的本業魚鬆，實在是新鮮味十足，為蛋捲加分不少。海裕屋魚鬆蛋捲外包裝，外盒側邊有簡介，一盒裡面有7包，團購分食超方便。

### info 海裕屋

網址：http://www.searichtaiwan.com/page4.htm
電話：(07)861-8686

海裕屋的蛋捲皮極具厚度，還可以細分內外層的不同，最外面係偏暗的蛋捲皮，內部蛋捲皮有煎蛋皮的紋路。

## 榮華肉鬆卷、海裕屋魚鬆蛋捲 超級比一比！

**外觀** 海裕屋一包裡面有4根魚鬆蛋捲，蛋捲色澤偏深，馬上拿出冰箱裡的福義軒手工芝麻蛋捲來合照一張，馬上就可看出色澤差異；和榮華餅舖肉鬆卷合照，海裕屋的內餡因為招牌魚鬆的營養海味加持而勝出！

海裕屋

福義軒

海裕屋

榮華

**口感** 同樣是肉鬆卷，來自南台灣的海裕屋與過海而來的香港金華相比，絲毫不遜色。海裕屋的蛋卷厚實兼具脆度，金華的則較類似餅乾，酥脆帶點鹹味，兩者皆加入肉鬆調味，有著鹹鹹甜甜的美好滋味，令人越吃越涮嘴。

雖然家裡蛋捲庫存過盛，不過也讓允嘉多了不少樂趣，家中不時出現人手一根蛋捲的景象，小人吃小根(奇華、榮華)，大人吃大根(福義軒、海裕屋)，因為允嘉最愛跟人比賽！連吃蛋捲也不例外。

### 大伙相招來團購！

福義軒：
一盒150元；宅配費用：1～6盒裝一箱，運費90元、7～12盒為第二箱，運費共180元，以此類推。

海裕屋：
購物金額滿 1,000 元者，可享免運費之優待；未滿1,000 元，運費 100 元

### 團購達人 真心話

台灣和香港的蛋捲各具特色，香港的蛋捲精緻重視包裝，台灣的蛋捲香濃用料紮實，以送禮的體面度而言，香港蛋捲勝出，但以純吃蛋捲的享受而言，台灣蛋捲絕對是物超所值，料好實在！

## 最ㄕㄨㄚㄟ嘴的零嘴
# 勢均力敵的海苔

這種方便食用的零點，在辦公室同事最受歡迎，苦悶之餘，人手一片對著電腦撕著吃，如果老闆不巧走出來，趕緊一口塞入，Safe！

**寬泓御海苔**

**得倫燒海苔**

目前網路上團購海苔最火紅的有兩家，公司所在地都在板橋。一家是「得倫燒海苔」，距離捷運新埔站1號出口約十分鐘路程。另一家是「寬泓御海苔」，就在之前惡性倒閉還上過新聞的環球影城婚紗攝影斜對面巷子內。兩家的規模感覺差不多，生意都好到需另租倉庫來置放堆積成山的貨品及紙箱。逢年過節時，盛況更是空前，每次經過都可看見宅配貨運車，一台一台的開進駛出載貨。

除了原味燒和辣味燒，得倫還有特殊口味—芥茉和泡菜口味。芥茉口味非常之嗆，咬一口頓時就會化身為狗狗，做出吐舌頭散辣的動作，因為舌頭一進一出會費點時間，所以吃完一片相當耗時。若想買來送禮，得倫有提供海苔禮盒不過換算下來禮盒要價25元。

**辣味**

**原味**

**一片珍情 泡菜燒**

寬泓御海苔基本款有原味、辣味和狠辣等，特殊口味則有四種：芥末、黑胡椒、咖哩和泡菜。買來送禮，禮盒DIY價是45元，可選擇「6入包裝盒加黑色燙金袋」或「10入包裝盒加金禮袋」。

**得倫泡菜燒**

這兩家海苔從外觀上看不出差別，食用後連口味都差異不大。真要分辨，得倫稍微紮實一點點，寬泓則是薄脆一點點，但是不放在一起嘗，根本感覺不出差異，兩家的海苔都是超級加大版，係改良成一大張，讓人吃得很過癮。

黑胡椒

這兩家的海苔，允嘉都超愛吃！每次都是大口大口的吃，還一付回味無窮的樣子，好在他的食量本來就不大，一次最多兩片打死，為娘的不必過於擔心他會涉取過多的鹽份而傷身。

不論是得倫或寬泓海苔，單吃或拿來捲壽司都讚，包油飯包炒米粉更是絕配！！吃不完可以用夾鍊袋密封存放，既環保又方便。不過這種集結全數的大包裝，卻無法如傳統高岡屋或元本山的單一小包裝，可以享受「啪」一聲打開的樂趣！

 魔鬼甄**也推薦！**

在寬泓當場購買時，意外發現的超級好物「香蒜法式土司」。買回的那天就跟允嘉兩人，一晚就啃光一盒。充滿大蒜香的法式香烤吐司，吃一片保證大家避之唯恐不及，列為辦公室禁食之物。不過這小小一片，酥脆的不得了！拌上肉鬆，美味滿點！一極棒啦！倒是得倫之前也曾經賣過一款酥脆法式土司，但現在沒代理了，甚是可惜。

**團購達人 真心話**

香脆中帶點鹹味的海苔，不論是大人小孩都很難抗拒！而且海苔本身的營養很高，可補充碘亦可增強身體代謝的功能，算是不錯的零食，只是鹽分及味精含量稍高，要適時補充水分，另幼兒不宜過量食用。

**info 得倫有限公司**

網址：http://www.deulun.com.tw
電話：(02)2252-9385
地址：台北縣板橋市文化路一段285巷17號
營業時間：09:00～19:30

**info 寬泓興業有限公司** 總公司

網址：http://www.acefamily.com.tw/
電話：(02)2961-2929
地址：台北縣板橋市重慶路89巷25號1樓
營業時間：09:00～20:00（周一～周五）、
　　　　　09:00～17:00（周六）

### 大伙相招來團購！

| 品名 | 售價 | 運費及優惠說明 | 保存期限 |
|---|---|---|---|
| 得倫海苔 | 得倫的原味燒和辣味燒海苔都是75元／36片／包<br>芥茉和泡菜口味都是100元／40片／包 | 購物滿2,400元，免費宅配服務；未超過者加120元運送費(全省單一價)。另不時有其它優惠活動 | 1年 |
| 寬泓海苔 | 原味、辣味和狠辣都是80元／40片<br>芥末、黑胡椒、咖哩和泡菜，都是100元／40片／包 | 訂購滿2,500元以上免收運費，未達2,500元加收100元的運費。<br>·貨到收款服務只限台灣本島。 | 1年 |

# 來自日本的 星野銅鑼燒

傳說中的美味

**魔鬼甄及允嘉的最愛！**

嘗得出濃濃紅豆味的原味，口感鬆軟綿密入口即化。如此絕妙好滋味，連小叮噹吃了，作夢也會笑吧！

市場裡賣的銅鑼燒吃過不少，但須冷藏的生鮮銅鑼燒還真是第一次見到。一開封看到這個誘人的剖面圖，真是夠消魂了！

為確保新鮮不流失，運送時的溫度須控制在3℃之下，除全程低溫配送之外，店家還以具有保溫作用的保麗龍盒包裝，並貼心在內附上保冰袋，最外層再使用瓦楞紙箱包裝，包裝可說相當之用心，不過小小一個要價35元，是應該受到妥善的保護。目前有4種口味—典藏原味、風味抹茶、濃郁咖啡、微醺櫻桃(季節商品)。

典藏原味銅鑼燒是用北海道紅豆所作出的鬆軟內餡當底，周圍包裹著香甜順口的香草奶油，配上甜度恰好，並以新鮮雞蛋與蜂蜜製成的柔軟餅皮，吃起來綿密香濃，清新不膩，很難不愛上它。

濃郁咖啡　典藏原味

風味抹茶及濃郁咖啡的紅豆餡皆被抹茶及咖啡奶油給搶味，呈現微苦但有著迷人的清香，怕甜的人較喜愛這兩款口味。至於含有櫻桃乾的微醺櫻桃，蘊藏著一股酸甜的櫻桃香，為季節限定商品(秋冬季)，連娘家的媽媽嚐過，都直呼好吃！

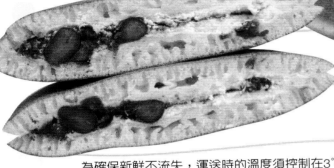

## 團購達人 真心話

星野銅鑼燒初體驗，讓人回味無窮。我前後總過吃過3次，每次的品質皆穩定。日本人的品管果然不是蓋的，而店內目前僅販售兩樣商品，除了銅鑼燒之外，還有日式大福，也頗愛吃麻糬類的我，得找個機會親臨台北門市試試！

**大伙相招來團購！**

冷藏狀態下可放置5天，如在冷凍庫則可保存一個月。如欲食用，取出於室溫下靜置30分鐘，即可享用。宅配費用非常複雜，建議直接請教店家！

**info**

**星野烘焙屋**

網址：http://www.sing-ya.com.tw/

**台中總店**
電話：(04)2326-6098
地址：台中市西區公益路132號
營業時間：09:00～22:00

**台北門市**
電話：(02)8772-3691
地址：台北市忠孝東路三段265號
營業時間：10:00～22:00

# Part 4

# 中式料理

不管是香噴噴的薑母鴨、烤雞翅，還是吃飽吃巧的肉包，
或是湯包、火鍋、滷味、饅頭，統統來一份！

# 葛媽媽ㄟ灶腳

一網打盡葛媽媽的拿手好料

# 砂鍋魚頭&薑母鴨

葛媽媽ㄟ灶腳是網友葛蘿推出的私房好料,內舉不避親,在這裡要好好的推薦一下!。挾著葛蘿超人氣的魅力,葛媽媽的薑母鴨一推出就造成熱門搶購,還紅到被國稅局上門關切,真是令葛蘿始料未及!

**薑母鴨**
$350／份
保存期限:
冷藏3天 冷凍15天

**砂鍋魚頭**
$450／份
保存期限:
冷藏3天 冷凍15天

葛媽媽砂鍋魚頭貨到當天，《冰冰好料理》正好在播出「砂鍋百菇魚頭V.S.砂鍋甘菊魚頭」的單元，擔任節目講評的廚師傳授：「鱸魚最好吃的就是頭，所有魚裡面就是鱸魚頭的頭髓最多，選擇鱸魚的撇步就是頭愈黑愈新鮮。」看一下葛媽媽寄來的砂鍋鱸魚頭實在有夠黑，讚啦！

葛媽媽砂鍋魚頭採用黑貓宅配運送品質佳。裡面分成雙夾鏈密保諾鱸魚頭和湯料包兩袋，並附有食用說明，湯料好大一包啊！

當天晚上我們就大快朵頤一番，先把沙茶湯料包下鍋，煮沸後再加入魚頭，中火煮5分鐘即可上桌。哇！實在好吃到不行的鱸魚頭，而且火鍋料裡有香菇、山東大白菜、好吃的鳥蛋、洞洞百頁豆腐、脆金針及黑木耳。

吃料還不夠看，我們還用砂鍋魚頭湯來泡飯，雖然葛蘿說是重沙茶口味，對允嘉而言剛剛好，但對我和鳥先生來說口味略淡，裝盛入碗後，我們會另加胡椒提味。這晚恰巧好友JASON前來，馬上邀請他與我們共鍋，一鍋共3個人吃還有剩。後來等小姑晚上11點加班回來，再去家門斜對面的滷味攤買些青菜&豆皮&貢丸回來加料當宵夜，又是鐵三角進行第二輪大戰。

由於新煮的青菜還不是很入味，我們甚至發明了新吃法，將青菜拿來沾豆腐乳，開味到一個不行！簡直就是配飯利器。鳥先生獨特的吃法是把鳥蛋挑起，將蛋黃打碎混入湯中！讓湯頭更加多樣化。而鮮甜的魚肉讓小姑吃到停不了嘴，還一直責怪鳥先生為何沒多留點魚頭給她，沒有長兄的風範。

至於本人吃火鍋的習慣，一定得準備蘋果西打，內暖外氣夾攻，才有冬天吃火鍋洗三溫暖的快感。

繼葛媽媽的砂鍋魚頭之後，原本對薑母鴨較不感興趣的我，因板橋網友的邀團而意外購入葛媽媽灶腳第一熱銷的薑母鴨，薑母鴨和砂鍋魚頭一樣，食材包和湯底包都很大包，所以需要大型鍋子才裝得下。薑母鴨3公斤裝份量十足，放進冷凍庫幾乎佔去1/4的空間，當晚試吃團員有4個，吃飽喝足後還有剩，如果不自行加料，差不多4個人吃剛剛好。

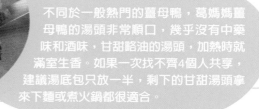

不同於一般熱門的薑母鴨，葛媽媽薑母鴨的湯頭非常順口，幾乎沒有中藥味和酒味，甘甜略油的湯頭，加熱時就滿室生香。如果一次找不齊4個人共享，建議湯底包只放一半，剩下的甘甜湯頭拿來下麵或煮火鍋都很適合。

鍋裡大部分的薑母鴨肉，口感不會硬硬柴柴，還保留些許彈性，絕對是中上水準的鴨肉。至於其他配料如QQ鳥蛋、百葉豆腐和可以吃的薑片，都是葛媽媽薑母鴨的特色賣點。

這次的薑母鴨饗宴我們分3次進行

第1輪！

單純吃原本附的料。

**第2輪！**

我們加了魚餃、豆皮、花枝餃、豬肉片、金針菇、高麗菜和肝連。

沾醬後的清甜高麗菜和吸飽湯汁的豆皮有夠美味

## 自行加料者必備！

**第3輪！**

再下維力炸醬麵，允嘉特愛這一味，吃完一包還吵著要追加一包科學麵！吃不飽的人強力推薦一定要加科學麵或維力炸醬麵，保證比外面滷味攤的科學麵還讚！

魔鬼甄的最愛！

加了高麗菜後更顯清甜的湯頭，十足美味推薦！不過舀的時候，記得把浮在表層的油輕輕撥一下。另外，剩下的湯頭拿來下泡麵更是絕配。

允嘉的最愛！

軟綿細致、吸飽湯汁的百葉豆腐和QQ鳥蛋，還有科學麵。

## 團購達人 真心話

雖然薑母在PTT開團數不多，但在網誌上好評推薦文已經多到數不清。砂鍋魚頭為年菜限定好料，想吃的人得把握開放訂購的時間。另外，當主購的人要注意，因為單份薑母鴨或砂鍋魚頭又大又重，團數稍大時保證冷凍庫塞不下，面交時也會提得很辛苦。另外，由於葛媽媽的料理，會把酒味煮到蒸發獨留甘甜精華的湯汁，無酒不歡的人，可能會稍覺不夠味。

## 葛媽媽ㄟ灶腳

> info

網路賣場：http://blog.pixnet.net/mamskitchen
電話：網路訂購無面交
地址：網路訂購無面交

## 大伙相招來團購！

| 品名 | 價錢 | 運費計算點數 | 備註 |
|---|---|---|---|
| 薑母鴨 | 350 / 份(3,000g) | 2點 | 每份2包(一包料一包湯) |
| 香菇滷肉 | 200 / 份(1,200g) | 1點 | 每份4小包(方便解凍與每餐食用) |
| 黑胡椒毛豆 | 100 / 份(1,000g) | 1點 | 每份1包 |
| 筍絲扣肉 | 300 / 份(1,800g) | 1點 | 每份2包 |
| 薑母鴨特製沾醬包 | 100 / 份 (600g) | 1點(10包內單獨出貨) | 用滷肉同樣的包裝袋盛裝 約訂購薑母鴨時附的小沾醬的11倍 搭配任何貨品出貨 不需算點數 |

註：運費計算點數算法：
1點～2點　運費／150元、外島260元　　3點～8點　運費／200元、外島340元
9點～20點　運費／270元、外島400元　　超過20點請另開一張訂單

# 劉夫人點心坊 香烤雞翅

有媽媽味道的好口味

最近PTT的團購美食中，讓我回購慾望達到百分之百的就是劉師傅香烤雞翅團，尤其是充滿膠質微香帶辣的香烤雞翅，還來不及退冰回溫，就被我們嗑掉一包！

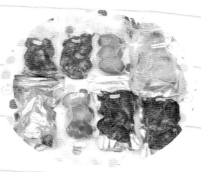

這次團購的戰果有：香烤雞翅x2、黃金茶蛋x2、酸辣雞球x2、醉補腿捲x1、贈送之冰糖醬乾(小)，全部都是利用真空冷藏包裝。

## 香烤雞翅
5支 $60

果然這5隻兩節香烤雞翅，拍完照不到10分鐘就被啃光光，一支接一支愈吃愈涮嘴，完全忘記還有加熱食用這回事！

魔鬼甄的最愛！

香烤雞翅退冰直接吃或烤箱加熱都極為美味，雞翅微辣香甜，肉質鮮嫩多汁，推薦必買！

最大的賣點「香烤雞翅」也是採真空拉鏈袋包裝，店家在網路上表示，製作時末外加一滴油，包裝內的油完全是生鮮雞腿的油脂。果然一口咬下，就是肥滋滋的美味。

黃金茶蛋採真空包裝無拉鏈袋，能吃到這美味，是因為店家的家裡，有一位挑嘴王，只肯吃蛋黃沒熟的蛋，但卻又不放心買市場上的黃金蛋，所以只好自製囉！於是乎我們也得以吃到這等美味！其口味類似已下架的「鹿茶土蛋」，有中藥香有茶香，配飯泡麵都很合。

切開來看，裡面的糖心雖然不如預期美麗，但是蛋黃還是相當綿密滑潤，口感有點類似皮蛋和鹹蛋黃，連平常不吃蛋黃的允嘉，都賞光的吃下半顆。

允嘉的最愛！

黃金蛋很不錯！軟軟綿綿的很容易入口，又不會有一般滷蛋稍乾不易入口的缺點。

## 醉補腿捲
單支 $130

醉補腿捲每份裡有1包是去骨腿膅，另1包是腿骨，店家貼心的分袋包裝。骨頭去的很乾淨，腿捲外型佳，在吃過的醉雞裏面，酒味算是比較淡的，一般人應該都能接受。

鳥先生的最愛！

醉雞腿酒味不是很濃，而且因為去了骨，非常方便食用，是香烤雞翅外的第二選擇！

## info 劉師傅夫人點心坊

網路賣場：http://tw.user.bid.yahoo.com/tw/show/auctions?userID=sankung2003&u=:sankung2003
電話：0958-636-189、(07)622-1624
地址：高雄縣岡山鎮懷德路34號(離岡山火車站及中山高岡山交流道都約5分鐘車程)

酸辣雞球和香烤雞翅的香辣口味完全不同，有點類似糖醋雞球，因翅小腿肉質較硬，故不建議直接退冰食用，而且最好來碗白飯，因為雞球口味實在是非常重！甚至有點偏酸，非本人所能接受之口味～～～

### 酸辣雞球
200公克 $40

酸辣雞球同樣是真空無拉鏈袋包裝，店家採用翅小腿做雞球，雖然肉質硬一些，但外型完整，又有骨頭哨，味道酸酸～甜甜～辣辣,一口一個,會讓人停不下來又...。

不論是香烤雞翅或酸辣雞球都可以用最便宜的烤箱加熱，預熱兩分鐘，烤個5～10分鐘即可食用。烤到一半時表面會先收乾，烤到逼油烤盤滋滋響時，即為最佳食用狀態。

### 這次最美味的
### 首推香烤雞翅

退冰直接吃或烤箱加熱都極為美味，雞翅微辣香甜，肉質鮮嫩多汁，推薦必買！！如果不敢吃辣，還有較甜較不辣的風味烤翅可替代選擇。

這家的產品在真空不破壞的情況，置於冰箱冷藏室可存放兩星期，冷凍室可存放3個月，算是保鮮期限不短的食品。由於完全不需要處理就可以食用，更增加其便利性，但如果想吃熱燙燙的雞翅，就要增加一道步驟，將雞翅送進微波爐或烤箱加熱。醃製的紅通通帶辣椒粒的雞翅，真的是令人停不了的好滋味。

### 團購達人 真心話
開團成功率100%(一天內必定招滿！)，價格划算度100%，真空包裝衛生佳，郵寄速度快團購流程簡易！唯一的建議是酸辣雞球真的過酸，稍加調整口味，整體評價會更高。

# 謝爸爸私房菜
## 美味的五更腸旺

**五更腸旺**
2斤裝 $250

謝爸爸私房菜採用冷藏真空包,再置入外盒,紙盒上的貼紙請專人設計,相當用心。內有詳細的食用方法,分成一般、建議和饕客3種烹調法。我們當然是採用加蒜苗的饕客烹調法,銷一下家裡冰箱的蒜苗庫存。

先來看看五更腸旺中,最重要的主角大腸和鴨血,謝爸爸的大腸頭處理的很乾淨,毫無腥味,果如介紹文般香Q帶脆,size不小。吸飽湯汁的鴨血,嫩中帶滑,極具口感,但目前最愛的鴨血還是以新莊詹記麻辣鍋的無敵軟嫩鴨血和新竹鴨肉許的酸甜鴨血居首。

為確保品質,謝爸爸只能每日限量供應,且為保持產品的鮮度,本品採低溫宅配須付運費,如想省運費亦可配合店家時間自取,由於不添加防腐劑,須於3、4天內趁鮮食用,另外店家不建議微波加熱。

謝爸爸特別強調的鮮筍,可能是價格因素且不是主角,所以份量較少,有點吃不過癮。

### 團購達人真心話

五更腸旺就是要夠辣才夠勁,我們訂的是小辣,完全不辣,建議第一次就可以直接上看中辣或大辣,加上酒精燈盤,才可讓美味持續維持在燙嘴的熱度,又燙又辣才夠爽!吃了會噴火的五更腸旺才稱得上是五更腸旺!

### 大伙相招來團購!

**免運費**
訂購8份以上(滿2,000元)即享免運費優惠。

| | 售價 | 運費 | 總計 |
|---|---|---|---|
| 1份 | 250元 | 140元 | 390元 / 份 |
| 2份 | 500元 | 140元 | 320元 / 份 |
| 3份 | 750元 | 140元 | 297元 / 份 |
| 4份 | 1,000元 | 140元 | 285元 / 份 |
| 5份 | 1,250元 | 200元 | 290元 / 份 |
| 6份 | 1,500元 | 200元 | 283元 / 份 |
| 7份 | 1,750元 | 200元 | 279元 / 份 |
| 8份 | 2,000元 | 0元 | 250元 / 份 |

**Info 謝爸爸私房菜**
網路賣場:http://www.17go.com.tw/shieh88/index.html
電話:(02)2923-4488、0953-102-898
地址:台北縣永和市國中路4號10F
(由公館方向,經福和橋下橋後右轉即到)
營業時間:15:00~22:00(限自行取貨者),每周二不出貨

# 高雄三郎餐包

拜好友小玉所賜，等不到一個星期就能享用PTT上最火的團購美食「高雄三郎餐包」，雖然只是小小牛排餐包，卻大大隱藏了肥滋滋的超級傳統美味！

這家三郎餐包據說是高雄某家知名牛排館的餐前點心，直接打電話去三郎訂購，老板娘口氣很親切的說：「現在訂要等3個月才有貨，如至現場購買個1、2包則沒問題！」。想了一想，高雄剛好住了一位正義使者好友「小玉」，於是急Call正義使者後，果然不到1個星期就傳來好消息。

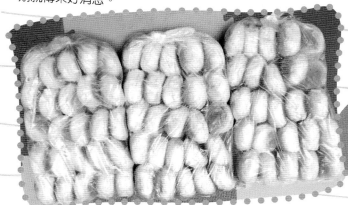

3大袋三郎餐包就從高雄飛來板橋啦！小玉說店家跟工廠沒兩樣，但離她家這麼近，她之前卻連聽都沒聽過！(還說我竟然踩到她的地盤去！)

首先，店家貼心的附上食用說明，交待餐包從冷凍室取出後，須在室溫狀態下回溫，待烤箱預熱後再動作，取出一次欲吃的份量退冰待烤。

## 烤前烤後 成果比一比！

### 三郎餐包官方版本烤法：

1. 烤箱預熱5分鐘。　　2. 關上電源，將餐包放入，靜至3分鐘。

**烤前**　因為是從冷凍室取出，所以外觀有點皺皺的；剝開來，奶油分布在一處。

表皮

奶油分布

**烤後**

表皮

爆漿點

奶油分布

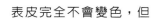

表皮完全不會變色，但會稍微澎起來，烤的不太夠時，麵包皮是熱的但奶油是冷的，吃起來有點像香港茶餐廳的奶油波蘿包，只是波蘿換成小餐包，順口好吃！烤得剛剛好時，灌奶油的小洞會有點小爆漿，內餡奶油會均勻分布麵包體。

魔鬼甄本人偏愛微焦香酥的外皮,所以決定加強火力,也就是官方烤法再多烤個1~2分鐘,形成火力加強版。

**烤後官方版**

表皮

爆漿點

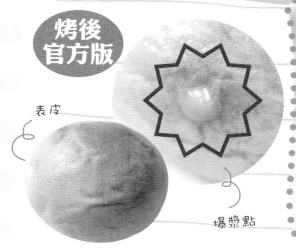

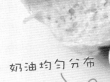

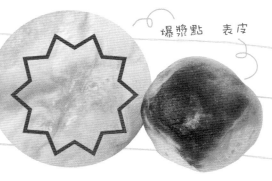

奶油均勻分布

**火力加強版**

爆漿點　表皮

奶油均勻擴散

經過比較,火力加強版皮較香酥,官方版本則是皮軟綿綿。另,火力加強版請特別小心火山洞口,如果從另一端咬下,會造成奶油爆發的慘劇,噴到自己衣服是小事,噴到別人的衣服可就萬分抱歉了。

這好吃的餐包,連挑嘴的允嘉都一口氣K掉兩個半,看來他真的不是不愛吃東西,只是挑食罷了。餐包大小約比一般牛排館的還秀珍一點,兩三口就沒了,不過裡面的奶油可真不是蓋的,明顯較其他吃過的餐包優上許多。一口咬下,奶油就像噴泉似的灌入嘴裡,香滑順口,好吃的不得了。不過或許是人工作業的關係,奶量或多或少並不一致。由於這三郎餐包實在太得我心,這幾天甚至考慮前往好市多買個牛排回來煎,再向James大哥請該該佐那種酒,上個完整的SET。

鳥先生說為了這小小的餐包,斥資買肉買酒,還真把家裡當高級牛排館喔!?會不會太超過?唉唷!生活就是要跟著感覺走!想到什麼就做,才不枉此生啊!

**團購達人 真心話**

平常的小配角,儘管那麼的平凡無奇,只要用心製作,配角也能翻身當主角。別以為25個很大一包,一般冰箱的冷凍空間至少可以冰個10包,而且一次食用4~5顆,3、5天就可解決。

**大伙相招來團購!**
10包即可外送,16包的運費為270元。

**info**

**三郎餐包**

電話:(07)551-5841、(07)531-9146、0933-393-516
地址:高雄市鹽埕區新樂街198-8號(新樂集中商場東邊巷內)
營業時間:09:00~18:30
售價:1包25個90元

# 維力炸醬沒有麵

維力炸醬麵在台灣的宵夜點心界一直以來佔有重要地位，可能是因為這個原因，最近維力炸醬天天都有人開團，不用多久時間馬上額滿，熱門程度可見一斑。

PTT團購版前陣子有一樣很特別的熱門團購「罐裝維力炸醬」，裝罐方式和牛頭牌沙茶醬的鐵罐裝一模一樣，開罐後還可蓋上透明塑膠蓋，再置入冰箱冷藏。開罐後的維力炸醬，色澤看起來有點像沙茶醬，要不是空氣中充滿維力炸醬的味道，還真的會誤以為是沙茶醬。將家中庫存的關廟麵下鍋煮熟，挖2匙維力炸醬，再撒上蔥花，輕鬆完成維力炸醬關廟麵。

## 創意玩玩看！

維力炸醬拿來炒吃不完的豬頭皮，味道超級合，非常好吃，可是有點油！

維力炸醬拿來炒豆干，口味尚可，跟用醬油膏炒起來的感覺差不多。

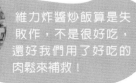

維力炸醬炒飯算是失敗作，不是很好吃，還好我們用了好吃的肉鬆來補救！

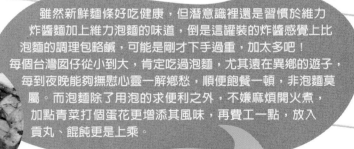

雖然新鮮麵條好吃健康，但潛意識裡還是習慣於維力炸醬麵加上維力泡麵的味道，倒是這罐裝的炸醬感覺上比泡麵的調理包略鹹，可能是剛才下手過重，加太多吧！
每個台灣囝仔從小到大，肯定吃過泡麵，尤其遠在異鄉的遊子，每到夜晚能夠撫慰心靈一解鄉愁，順便飽餐一頓，非泡麵莫屬。而泡麵除了用泡的求便利之外，不嫌麻煩開火煮，加點青菜打個蛋花更增添其風味，再費工一點，放入貢丸、餛飩更是上乘。

## 團購達人 真心話

這維力炸醬現在到處都買得到，大家可以多多比價。雖說拿來拌什麼都可以，大家可以各自發揮，我們小試了一下，目前還是以拌麵最對味，不過拌麵時，切記不要下手過猛，會很鹹很油！另外，由於這一罐(750g)份量不小，感覺可以用上一段時間，雖然保存期限很長，但家中人口不多者，慎之！！

**info** **維力台北營業處**
pchome網路賣場：http://store.pchome.com.tw/perfect/M00648112.htm
電話：(02)2596-5668

## 大伙相招來團購！

目前價格有點混亂，約在價格在150元到200元之間，請讀者自行詢問維力產品公司或找尋較大的食品材料行、雜貨店試試。

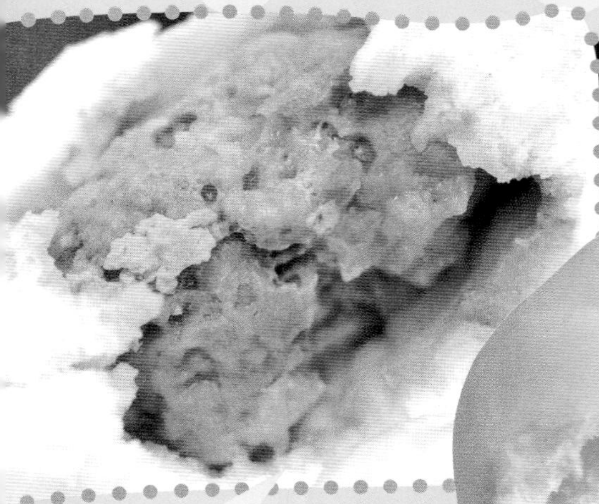

**真好**
蛋黃鮮肉包 $17／個

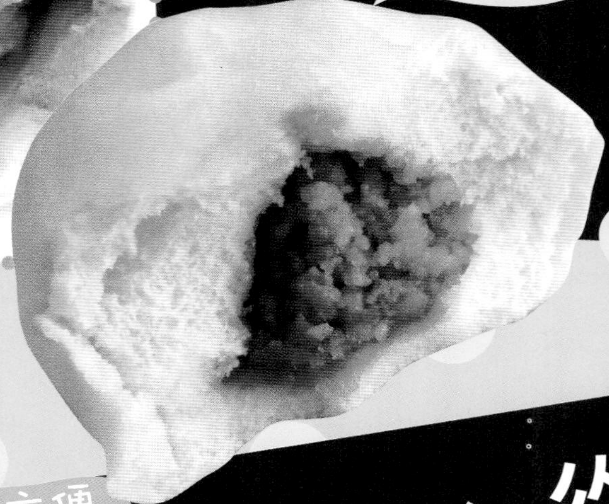

**淡水可口**
肉包$10／個

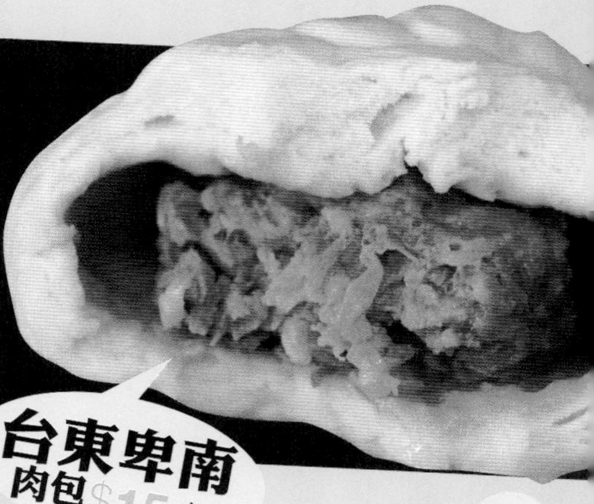

**台東卑南**
肉包$15／個

正餐點心都方便

# 正點肉包 從北到南大會串

我對包子像來有種莫名的喜愛，它是點心，也可以當正餐，只要肚子餓，來上那麼一顆，五臟廟也就立刻停止抗議了！

**鹿港老龍師**
肉包$15／個

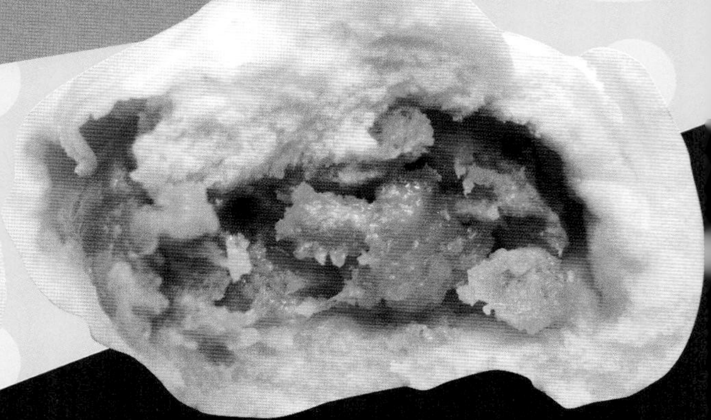

**萬川號**
肉包$25／個

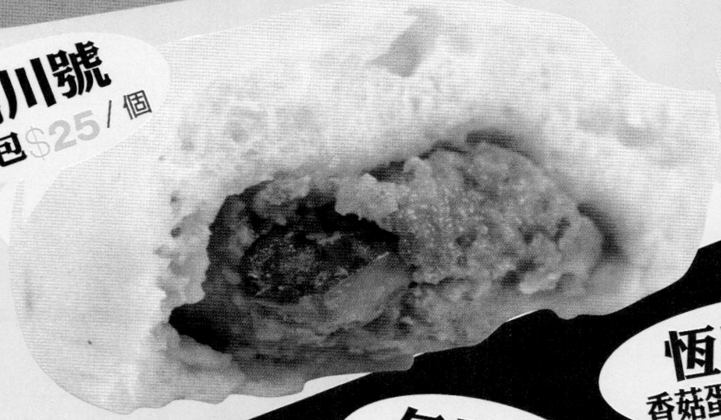

**恆春小杜**
香菇蛋黃包$35／個

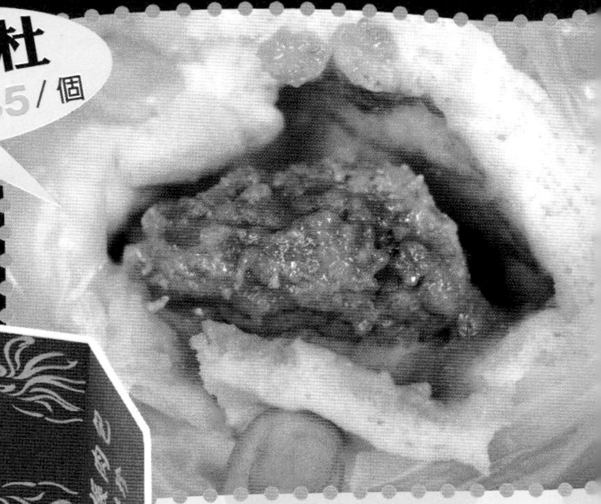

**包子祿**
肉包$22／個

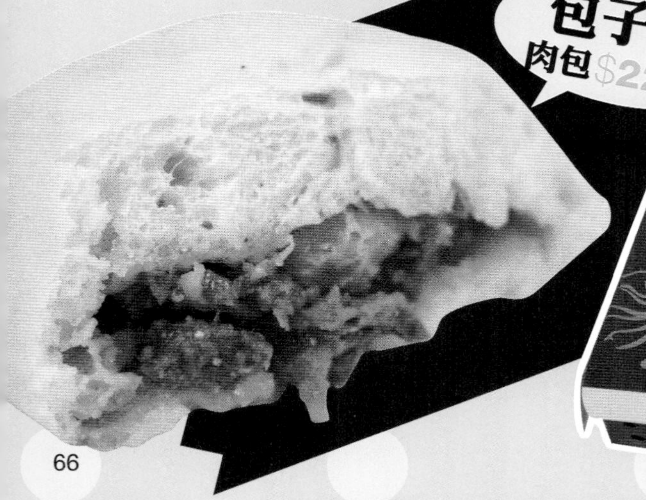

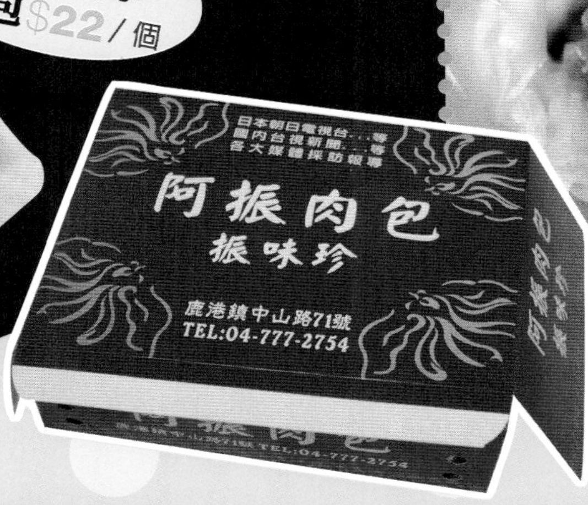
日本朝日電視台…等
國內台視新聞…等
各大媒體採訪報導
阿振肉包
振味珍
鹿港鎮中山路71號
TEL:04-777-2754

**鹿港阿振**
肉包$15／個

遠近馳名的包子店，從北到南不計其數，本次挑出其中幾家較具知名的包子店，來個大會串，Q嫩飽滿的外皮，加上新鮮的肉餡，大口咬下還有鮮美的湯汁流出的肉包子，真是鮮香，放入電鍋一蒸，簡單又方便，當正餐點心都適宜。

## 真好
### 包子饅頭店

真好包子饅頭店就位於舊板橋後站，是我們周末假日早餐的選擇之一。有天早上9點半到，店內的熱包子卻已經賣到只剩一個蛋黃鮮肉包，我們只好另點一個蛋餅和兩杯豆漿充饑，最後再外帶10顆冷凍香菇素菜包和10顆蛋黃鮮肉包。〈編者註〉：「真好包子饅頭店」已於96年10月15日遷移至台北市八德路，板橋後站這裡不再營業囉！

鳥先生的最愛！

價格合理的板橋真好蛋黃鮮肉包，皮軟餡香，價廉味美啊！

回家之後，分食幾個給好友Jason，也獲得他的肯定！獨肥肥不如眾肥肥，另宅配幾顆給剛從希臘返國的weiwei充當午餐，沒想到一向挑嘴的好友weiwei女兒隔頓就討起「紅饅頭」吃！(肉包上面有一點紅)，我們一致認為這家肉包雖然肉餡不是很飽滿，但是特點是不油，外皮帶有些許甜味，吃多也不膩，以一個13元的鮮肉包而言，算好吃！建議花2元多一顆蛋黃更為划算！至於菜包水準也在中上。

香菇素菜包

**info 真好包子饅頭店**
電話：(02)2570-1881
地址：台北市八德路三段233號
營業時間：06:30～20:30

餛飩湯：
25元 / 碗

## 淡水可口 肉包

這間是淡水老街上最有名的魚丸老店，有著我兒時美好的回憶。由於爸爸有位好友就在淡水老街上開店，每次假日閒來無事，他總是騎著機車載著我往淡水跑。店內有賣魚丸湯、餛飩湯、肉包、饅頭等，雖然淡水魚丸是店內招牌，但我覺得10元的肉包才是來店必點。

個頭不大的肉包，裡頭的餡料，就是魚丸包入的內餡，還看得見我最愛的肥肉，咬一小口將甜辣汁淋進去，別具風味。印象中餛飩以前也很好吃，每次媽媽一定交待我們要外帶一盒回家，當作下麵煮湯的加料。雖然現在內餡依然嘗得出獨特的香味，但外皮卻已經快讓人吃不下去了，湯的品質也是不怎麼穩定，有時鹹過頭，有時淡無味。

**info 老牌可口魚丸店**
電話：(02)2625-3777、2623-3579
地址：台北縣淡水鎮中正路232號
營業時間：08:00~20:00

## 鹿港幫老龍師 肉包
## V.S.阿振 肉包

某年年底的彰化員林鹿港2日遊，我們一口氣通殺當地知名的兩家包子名店：老龍師和阿振肉包，我們先去老龍師三民總店外帶了3顆肉包和鹹蛋糕，跟老板說只要3顆肉包時，還被有個性的老板「哼！」了一聲，真是有趣的經驗！

剛拿到老龍師熱騰騰的包子，實在很難招架得住，肉包果然名不虛傳，外皮鬆軟，內餡又香，我和允嘉在車上就各嗑掉一顆，若不是鳥先生的出聲阻止，我還打算進攻第二顆。店內還有鹹蛋糕及牛舌餅等好料，也不錯吃！

老龍師

允嘉的最愛！
肉汁鮮甜的鹿港老龍師肉包，當下課點心最合適！

牛舌餅

鹹蛋糕

後來再繞去阿振時，肉包已經售罄，只剩菜包，生意之好令人印象深刻，看來極富盛名的肉包只好隔天早上再跑一趟。還記得第一次看到關於阿振肉包的消息，是在晚間新聞中，播放標題是：「日籍徒弟東京開店，鹿港阿振肉包紅到日本」。當時看著電視裡湯汁橫流的肉包，一直深深記在心裡，發誓總有一天一定要吃到它。隔天再戰的阿振肉包，標榜內餡採用溫體豬的後腿肉，麵皮裡則加了牛奶，至於菜包，而菜肉包的內餡吃起來有點像韭菜盒，鳥先生愛，我不愛。相較之下，老龍師肉包較得我心。

阿振肉包

**info 老龍師肉包**
三民總店 電話：(04)777-7402
地址：彰化縣鹿港鎮三民路78號
中山二店 電話：(04)774-5252
地址：彰化縣鹿港鎮中山路31號
營業時間：08:00~20:00（週一公休）

**info 振味珍(阿振肉包)**
電話：(04)777-2754
地址：彰化縣鹿港鎮中山路71號
營業時間：09:00～19:00

# 台南幫萬川號 v.s.包子祿

萬川號

府城台南一向以美食著名，有一年有幸前往台南一遊，全程文子的表嫂張羅，不但從早吃到晚，就連夜宵、點心、土產都貼心準備齊全，就在回台北之前，親切熱誠的表嫂還載我們去採買2間台南的百年包子老店：「萬川號肉包」和「包子祿肉包」。

萬川號的香菇蛋黃包外皮較白，萬川號包子剖面圖，蛋黃被吃掉了，仔細看大塊香菇下面還看得到一點點鬆軟的鹹蛋黃。

這兩家其實很難分出高下，鳥先生偏愛包子祿的口感，我則選擇萬川號的肉汁，總之這兩家百年老店都在水準之上。

位於小巷內的祿記肉包，聽表嫂說外地來的人很難找得到，即使找到，不是得乖乖排隊等候，運氣較差者，空手而回乃是常事，強烈建議事先電話預訂！！！

包子祿

**info 萬川號**
電話：(06)222-3234
地址：台南市中西區民權路1段205號
營業時間：08:00～22:00
（每月第四個周日隔天休息）

**info 祿記(包子祿)**
電話：(06)225-9181　地址：台南市開山路三巷27號
營業時間：08:40～17:00（公休不一定）
包子祿每天出爐的時間，饅頭08:50、12:30，
水晶餃08:40～14:30，想吃的人可得好好把握！

# 恆春小杜 肉包

小杜包子以創新口味打響名號，難得與友人去墾丁遊玩，自然不能放過這小有知名的小杜包子。我們一口氣買了大肉包、起士包、香腸包(招牌獅子頭包售完殘念)，打算攜回渡假村好好品嘗其特殊創意口味，但在車內就忍不住分食起來，可惜小杜包子初嘗並沒有讓我驚艷，不過這是我個人喜好問題，網路上也有許多人對它家的包子讚譽有佳，尤其是沒吃到的獅子頭包，聽說口感極佳，讓我對小杜還存有一些期待。

**info 小杜包子**
電話：(08)889-9608
地址：屏東縣恆春鎮恆南路29-6號
營業時間：08:00～19:00（周四公休）
早上10:00～10:30一定有第一批包子出爐，
此後每半小時出爐一次

## 台東卑南肉包

早在懷孕之時的環島之旅，
就對大粒的卑南肉包留下極
好的印象，卑南肉包從下午3點
左右開始販賣，不過大概到下午6點之前
肉包就會賣光了，拜宅配發達所致，現在好吃有
名的東西，隨時都可以電話下訂運送到府。

除了肉包不錯，卑南菜包、芋
頭紅豆包更是一絕，連平常吃包子不
吃肉餡的允嘉，也卯起來連皮帶肉吞
下去！最後吃了半顆吶！

卑南肉包，實在太好吃了！

菜包

### info 卑南肉包

電話：(08)923-1455
地址：台東市卑南里更生北路132巷4號
營業時間：12:30～18:30
（周一公休）

魔鬼甄的最愛！

環島旅行時，第一次在台東
吃到卑南肉包和菜包就念念
不忘，多年後再相遇，美味
依舊，只是漲價了。

### 超級比一比！誰是大贏家

| 品名 | 售價 | 尺寸 | 口味 | 整體滿意度 |
|---|---|---|---|---|
| 淡水可口肉包 | 10元 勝 | 小 | 可沾醬食用風味獨特 | 小而美 |
| 板橋真好包子 | 17元 | 一般 | 餡不油外皮帶點甜味 | 買十送一，價廉味美 勝 |
| 鹿港老龍師 | 15元 | 一般 | 外皮鬆軟內餡有著香甜肉汁 | 肉汁鮮甜滋味好 勝 |
| 鹿港阿振肉包 | 15元 | 一般 | 內餡過油 | 稍顯油膩 |
| 台南萬川號 | 25元 | 一般 | 皮薄餡多 | 皮綿富彈性 |
| 台南包子祿 | 22元 勝 | 一般 | 內餡加了蔥酥、蝦米，特別香 | 內餡滋味豐富強推水晶餃！ |
| 台東卑南肉包 | 15元 | 大 | 多汁會滴油 | 俗又大碗菜包優於肉包 |
| 恆春小杜包子 | 35元 | 大 | 不習慣所謂的創意口味 | 肉包內餡不突出 |

### 團購達人 真心話

肉包最忌皮不Q餡不香，以上8家都有著
一定的水準。尤以真好、老龍師、卑南這三
家，不但價位合理，淡淡甜味的外皮，包上
新鮮的肉餡，蒸炊加熱後，一掰開白嫩柔
軟的外皮，肉汁就流溢出來，這時候只
想大叫　おいしい～～～

### 大伙相招來團購！

| 品名 | 售價 | 優惠及運費計算方式 | 保存期限 |
|---|---|---|---|
| 可口肉包 | 10元 | 宅配費自付自叫 | 冷凍1個月 |
| 真好包子 | 鮮肉包15元 蛋黃鮮肉包17元 香菇素菜包15元 | 買十送一，板橋市：區內訂購300～500元起 外縣市：訂購包子、饅頭，滿5,000元以上，除免運費外，再享9折優惠 | 可冷凍2～3星期，香菇素菜包5天 |
| 老龍師 | 15元 | 宅配自付 | 冷藏3、4天，冷凍2周 |
| 阿振肉包 | 15元 | 宅配自付 | 冷凍5天 |
| 萬川號 | 純肉包20元 肉包含蛋25元 | 宅配自付 | 冷藏3、4天，冷凍2周 |
| 包子祿 | 肉包22元 水晶餃12元 | 僅限現場購買，無宅配 | 冷藏1周，冷凍2周 |
| 卑南肉包 | 15元 | 宅配自付 | 冷藏3、4天，冷凍周 |
| 小杜包子 | 35元 | 宅配自付，40顆以下190元、70顆以下240元 | 冷藏3天，冷凍3個月 |

# 什麼都可以配
# 泡菜賓 好吃泡菜

第一次在網友DIDI的網誌看到好吃泡菜團購時已經來不及跟團,由於佳評如潮,不久後DIDI又辦了團購,這次終於有我的份啦!

雖然我沒有去過韓國,也沒有在日本嘗過道地泡菜,但在台灣好吃的泡菜,倒是吃過不少。貼心的網友DIDI特別提醒我們要注意泡菜的賞味期限。依她的經驗:「剛開始由於剛醃尚未入味,1星期左右最適宜單吃,隨著時間拉長,會開始變軟變酸,這時適合煮泡菜鍋;最後鹽味會更明顯,此時拿來煮料理較適當。」

我這個人一向最聽話,既然老師有交待,就要乖乖照辦。拿到前幾天就吃了一些,果然浸1個星期左右的泡菜,不論單吃或配飯配麵,酸度適中很開胃,很容易一不自覺就扒上2、3碗飯。到了第2個禮拜,因為酸度急速增加,拿來煮泡菜火鍋最剛好,這時當然就是邀請眾好友來家中作客的時機到了!

泡菜最極致的吃法是:淋上家裏自製香噴噴瘦肥兼俱的滷肉,再來顆大顆滷鴨蛋!另外,泡菜拿來配婆婆拿手的油飯,更是一絕!其實泡菜配什麼都好吃,只要加上它,平常毫不起眼的菜色,頓時變得極度美味~

除了團購的3大包泡菜之外,DIDI還貼心的幫大家分裝了廠商額外購送的醃辣蘿蔔,這辣蘿蔔嘗起來並不如外觀那麼嚇人,辣度對我而言算是輕度,小\case。

## 團購達人 真 心 話

鮮紅色的泡菜,在色澤上相當誘人,口味又酸又辣,人人為之著迷。不過之前新聞曾報導,某個國家的泡菜有被驗出寄生蟲卵的問題,還是要慎選優良店家,才能確保吃的安心。另外,吃不完的泡菜,應存放於密閉式的容器中,如此可阻隔泡菜與空氣的接觸,維持泡菜在最佳口感。

## 其他暢銷店家一覽

名稱:阿里郎村落
網路賣場:http://class.ruten.com.tw/user/index.php?sid=hiphopkawaii
售價:130元 / 600g

名稱:金媽媽泡菜
網址:http://www.jinmama.com
電話:(04)2585-2343
地址:台中縣東勢鎮下城里東關路403號
營業時間:08:00～19:00
售價:150元 / 1,000g

## 大伙相招來團購!

售價:150元 / 1,500g
運費:大台北地區10包免費送達,外縣市可自付宅配費用
保存期限:冷藏4周

 泡菜賓
電話:(02)2309-9453、0922-897-651

## 百年老店傳統美食
# 新莊阿瑞官蘇家粿店

阿瑞官粿店的芋粿巧是我近期吃到最好吃的芋粿巧，好吃的程度跟鳥先生員林舅媽做的花生內餡芋粿巧不相上下，吃過一次後，馬上列為辦公室重點團購商品。

因為沒事先預訂，我們只有買到芋粿巧和菜脯米粿，其他的如紅豆、鹹綠豆、或八寶年糕則完全沒庫存。

阿瑞官蘇家粿店位於新莊廟街上靠近大漢橋這端，營業時間鐵門半開且無招牌，沒抄門牌號碼鐵定找不到(正對面是雜貨店)，我們第一次去買繞半天，最後還是打104詢問阿瑞官蘇家粿店的電話，再打給店家得知詳細地址才順利找到。

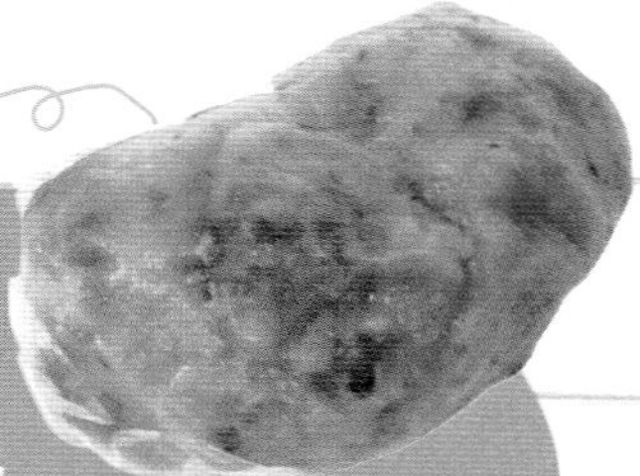

芋粿巧

包有餡料的芋粿巧，剛買回家時趁熱吃，外皮軟Q，放冷食用則極富彈性，另有一番滋味，冷熱兩種口感兩種享受同樣好吃！餡料中的芋頭，鬆軟香甜調味得宜，裡面還有夾有肉塊，真是料多實在，至於菜脯米滋味較單調不得我心。

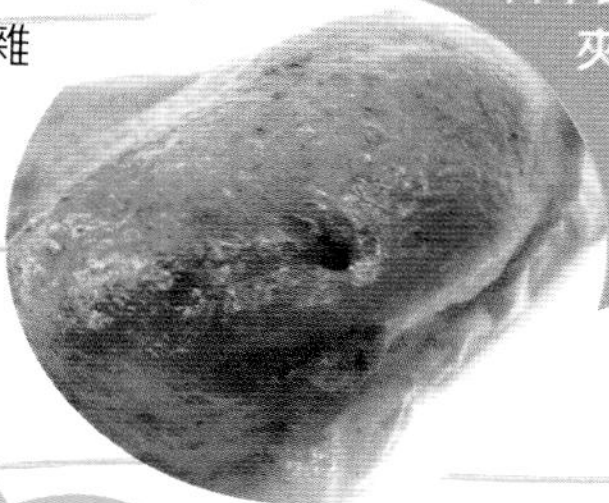

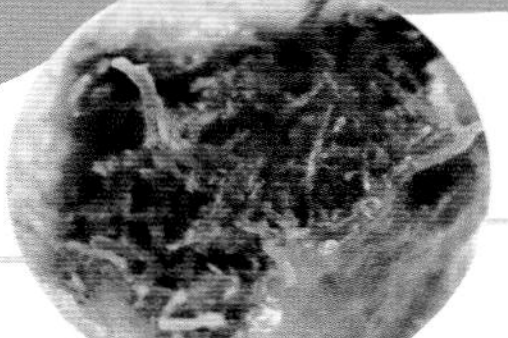

菜脯米

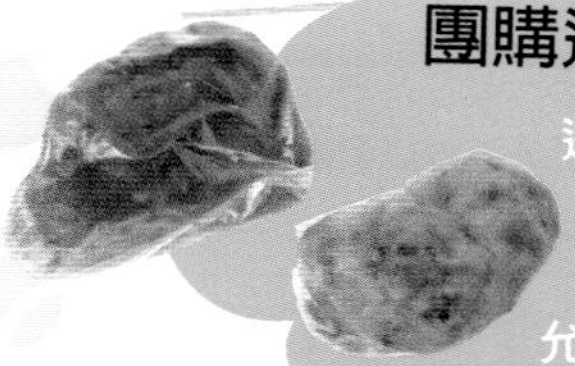

### 團購達人 真心話
這類傳統美食，已破除逢年過節、婚喪喜慶才購入的習性，只要想吃就會去買，連允嘉這種4歲娃兒都愛。

阿瑞官現除開拓宅配到府的經營模式，名片上竟還印有即時通帳號，經過四代傳承，除了口味創新，經營方式也與時代接軌。

**info 阿瑞官粿店**
電話：(02)2992-8796、0916-098-385
地址：新莊市新莊路49號(廣福宮附近)
營業時間：09:00～17:00
(周日下午公休)

**大伙相招來團購！**
台北縣市(30公里內)，消費滿2,000元免運費；外縣市宅配運費150元。
售價：芋粿巧20元／個、菜脯米20元／個、紅龜粿30元／個、油飯70元／盒

# 香麻辣正宗川味
# 劉家辣辣雞

賣家在「意慾蔓延」論壇私家敗物市集裡對自己商品的形容非常吸引人：「香．麻．辣．正宗口味．四川配方．吸油涵香．麻辣入骨．吮指之間．盡得精華。」

辣辣雞的包裝用心，拉鏈袋外包裝裡還特地加了第二層塑膠袋，拆封時不用怕沾到手。一整隻辣辣雞的大小大致和外面賣的鹹水雞差不多，雞肉口感也和外面鹹水雞相差無幾，都是略硬有嚼勁，換句話說，比較適合愛啃骨頭的人。

我們訂的「小辣」辣辣雞（如圖所示），調味對我們而言已經到達又麻又辣的地步，完全不敢想像中辣和大辣的辣度會到達何種境界。和外面的鹹水雞肉比較起來，雖有麻辣但不夠鹹，總覺得少了一味，吃起來很不過癮，於是吃到一半就把冰箱的庫存維力炸醬拿出來加料，果然麻辣味之外多了鹹香，好吃許多！

## 團購才有的優惠！

辣辣雞1隻236元，1隻運費120元、2～5隻運費150元、6～9隻運費180元、10隻以上免運費或送1隻(任選)

| 售價 | 運費 | 總計 |
| --- | --- | --- |
| 1隻236元 | 120元 | 356元／份 |
| 2隻472元 | 150元 | 311元／份 |
| 3隻708元 | 150元 | 286元／份 |
| 4隻944元 | 150元 | 273元／份 |
| 5隻1,180元 | 150元 | 266元／份 |
| 6隻1,416元 | 180元 | 266元／份 |
| 7隻1,652元 | 180元 | 261.7元／份 |
| 8隻1,888元 | 180元 | 258.5元／份 |
| 9隻2,124元 | 180元 | 256元／份 |
| 10隻2,360元 | 0元 | 236元／份 |

## 團購達人 真心話

吃起來口感很像鹹水雞，但和家裡附近好吃的鹹水雞比較，不見優勢，如能拌入鹹水雞的鹹蔥汁，或許能成為最佳下酒菜！

### info 劉家辣辣雞

網址：http://joanneyaping.myweb.hinet.net/
電話：網路訂購無面交
地址：網路訂購無面交

★★★ 注意：劉家辣辣雞已停售，網站也停止作業，請勿直接匯款。

# 基隆旺記小籠湯包

機器製作的旺記小籠湯包，大小一致顆顆飽滿，一顆約只要3元，外皮雖然沒有手工捏製的好口感，但裡面滿溢的湯汁實在是令人驚艷。

訂購時老板娘在電話那頭親切的服務態度令人印象深刻，小籠湯包目前有5種口味，我們買了4種：

## 上海湯包

上海湯包的外皮好像有比其他口味薄，裡面的細蔥不是很多，但湯汁實在是多的不像話，一口下去保證會被燙到。

## 干貝絲瓜

干貝絲瓜號稱是干貝湯頭，但除了絲瓜味之外，我嘗不出和原味上海湯包的差別。

## 港式

港式小籠湯包口味新奇，湯汁一樣滿溢，還多了香菇的鮮味和荸薺的香脆口感。

## 翡翠湯包

至於翡翠湯包，外皮和內餡都加了海藻粉，吃起來似乎多了點海洋、健康的滋味，可惜我不愛。

**魔鬼甄秘密武器！**

### 屏東玉特級白醬油

其實單吃就夠味，但如果有適合佐味的醬料，美味肯定加倍。店家建議小籠包搭配白醋和薑絲食用，但我們家則有小叔提供的秘密武器，那就是屏東名產的「玉」特級白醬油，這醬油鹹味非常清甜，甚至有點像愛之味脆瓜的醬油，但甜味和香氣更勝許多。湯包沾上甘甜略帶鹹味的醬油更能引出肉汁的美味。

店家還貼心的附上蒸籠紙，除了翡翠湯包之外，其他口味都是白白胖胖粒粒飽滿，由外觀分辨不出口味。加熱方式很簡單，用蒸籠或電鍋蒸煮都可以，小籠湯包不用退冰，水滾後直接置入，大火蒸煮8分鐘即可。

### 團購達人 真心話

最便宜的原味上海湯包1顆不到3元的價格，內餡和湯汁不會輸給鼎泰豐或中正紀念堂旁高朋滿座的杭州小籠湯包，也因為如此便宜價格，不好意思苛責機器製作出來的略硬外皮。另外特別推薦的「屏東玉特級白醬油」，老闆娘人超好，也很熱心！果然是有人情味的好醬油哩！雖然曾被抽檢不合格，卻不影響我的購買慾望！

**大伙相招來團購！**

**基隆旺記小籠湯包**

| | | |
|---|---|---|
| 上海湯包 | 60粒／包，160元 | |
| 港式湯包 | 50粒／包，180元 | |
| 干貝絲瓜 | 50粒／包，180元 | |
| 翡翠湯包 | 50粒／包，180元 | |
| 雪裡紅湯包 | 50粒／包，180元 | |

宅配費用：12包以內110元，15包以內180元

**屏東玉特級白醬油**

| | |
|---|---|
| 1箱／12瓶 | 1,200元 |

1～2箱 200元運費
3箱 250元運費

### 基隆旺記小籠湯包

info
電話：(02)2457-3377、0939-758-727
地址：基隆市暖暖街570巷79號
營業時間：07:00～18:00

### 屏東玉特級白醬油

info
電話：(08)732-2877、(08)733-5727
地址：屏東市民族路263號
營業時間：06:00～22:00

# 小肥羊火鍋湯料

內地才買得到的正宗小肥羊湯料包，飄洋過海來台果然身價翻漲，若沒有熟門熟路，還是只能乖乖掏錢買了。

之前在網路暴紅的蒙太極火鍋湯底就是標榜大陸小肥羊師傅秘方傳授，才引起大家爭相搶購。而拜好友小鳳所賜，我們前後已經開過兩次小肥羊火鍋大會，每次都吃得讓大家翻過去，飽到連動都不想動。這小肥羊火鍋湯料還真不是普通的好吃呢！

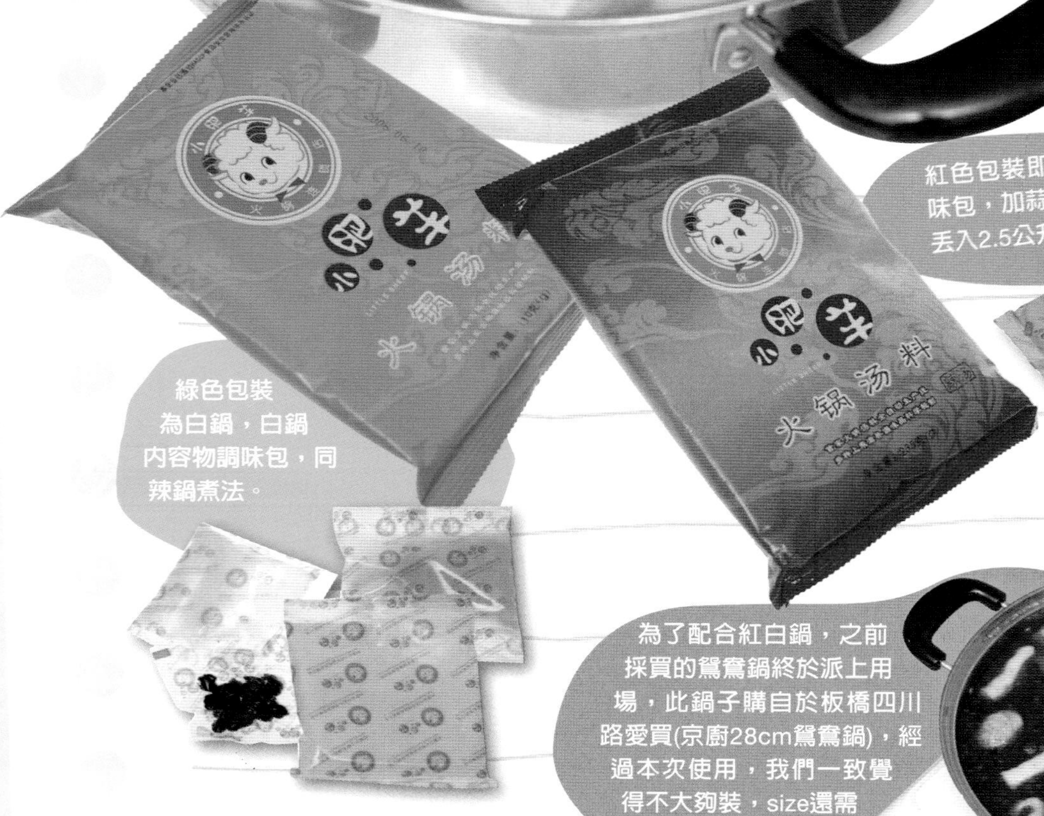

紅色包裝即為辣湯，辣鍋內容物調味包，加蒜瓣10顆和蔥白5段，通通丟入2.5公升滾水中即可食用。

綠色包裝為白鍋，白鍋內容物調味包，同辣鍋煮法。

為了配合紅白鍋，之前採買的鴛鴦鍋終於派上用場，此鍋子購自於板橋四川路愛買(京廚28cm鴛鴦鍋)，經過本次使用，我們一致覺得不大夠裝，size還需往上升級。

一整鍋燒燙燙的好料，不論是貢丸、脆丸、蟹丸、菇類、肉片、魚板、蔥段等，吸飽了湯汁之後，美味無敵！尤其是上場的丸類，皆拜託好友小鳳的公公親自去漁市挑選，新鮮度一等一，至於豬肉及大蝦等主食，當然就直接從門前菜市場order。火鍋中，肉片絕對是要角之一，板橋中正路松青超市特價豬五花肉片、火鍋牛肉片，涮幾下掌握熟度就好吃的不得了，但是大家都忘了抹上蛋汁會更滑嫩，下次再來改進。

瞧這可愛的魚板！家中有小孩，食材得講究外形，才能博得小小孩的青睞。

建議最適合的火鍋配料：肉片、玉米、貢丸、魚餃、青菜、泡麵等，當然還得準備蘋果西打及無糖綠茶去油解膩。這一役光是科學麵就被我們幹掉5包、肉片3盒、玉米2隻，由於鍋子太小，所以湯汁略鹹，最後還得拼命加礦泉水中和鹹度，而最完美的湯頭當然就是紅白鍋各盛半瓢和著喝！另包裝上註明要加雞湯塊提味，我們食後感想是不需要，因為已經夠味夠鹹了。

魔鬼甄的最愛！

王子麵淋上紅白混合的湯頭，美味絕倫！放進鍋裡的配料，完全不須沾沙茶醬或其他醬料，就有著很特殊的味道。

鳥先生的最愛！

浸滿湯汁的魚餃，絕對是第一必備的火鍋料。

要舉辦所謂的火鍋大會，事前的採買及準備工作不可少。葉菜類、金針菇要洗淨撕開、丸類、肉片也要沖洗過，玉米要抽絲剝淨，而這些費事的工作，完全由台傭鳥先生及賢慧小姑負責，我則是睡到爽呆呆被挖起來吃現成的，而經過一小時死命狂喝的接力賽後，大伙的肚皮已經鼓到圓滾滾而攤在沙發上抗議，而我的小腹也就像吞入肚內的貢丸一般，圓到不行。之前完全沒有幫忙的好命鬼，如果再不識相把事後的清理工作攬身，應該會遭天譴，於是我乖乖起身收拾，結束當日要命不怕肥的火鍋大會。

團購達人 真心話

這小肥羊湯底可是小鳳遠渡重洋特地帶回來的，聽說是在深圳某一家專賣高級貨的百貨公司超市內意外發現，鍋底雖只需60元（台幣），但美味超凡，獨特辛香料的湯底喝起來簡直與要價不斐貴桑桑的大陸小肥羊和天香回味鍋如出一轍！這會兒他們再也賺不到我的錢啦！雖然現在在拍賣網上賣價在110～150元（台幣），但還是很划算！

info **小肥羊火鍋湯料**
請讀者自行上拍賣網站查詢
售價：110～150元

大伙相招來團購！
拍賣網上各賣家的優惠條件不同，請多詢問、多比較。

府城美食

# 松村燻之味

松村燻之味的網路通路非常之多，它的滷味種類非常多，有些適合冰冰的直接吃，有些適合當火鍋料加熱食用，有些甚至可以當快炒的食材。

**燻鴨肝**
乾澀但耐嚼。

**燻鴨心**
雖大顆富口感，建議快炒或當火鍋料加熱食用。

**燻雞翅**
這次團購了很多口味，其中最受好評的為燻雞翅，因為松村的特殊糖燻技術，雞翅香中帶點甘甜，比較可惜就是肉質乾了點，多點肉汁應該會更優！

**燻鴨翅**
煙燻的口味稍乾而硬，但清爽耐嚼。

**辣豆干**
無汁，適合當火鍋料。

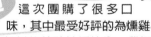

**燻滷蛋**
第二好評的為燻滷蛋，剖面非常特別，蛋白口感有點像含汁的豆干，甜甘美味！

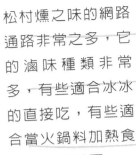

## 團購達人 真心話

甘甜的燻雞翅和口感特別的滷蛋特別有回購慾望，煙燻的口感稍乾而硬，但清爽耐嚼，適合喜歡嚼勁的人。建議宅配的滷味能採用真空包裝，比較能確保口味不變質。團購訂貨時，必須向工廠訂貨喲！

**鴨米血**
直接食用有點硬，同樣建議當火鍋料！松村燻之味的產品，冷藏保存期限約4日、冷凍保存期限約7日，退冰即可食用無須加熱，但米血建議需加熱食用，亦可煮湯。

**煙燻雞腳**
煙燻味重但口味一般，跟一般市場販售的差不多。

### 松村燻之味
網址：http://www.songch.com.tw/
成功店
電話：(06)223-0295
地址：台南市成功路光復市場內
營業時間：080:00～12:00

工廠
電話：(07)699-7455
地址：高雄縣湖內鄉信義路168之1

### 大伙相招來團購！

| 訂購包數 | 小箱（10包以下） | 中箱（11~35包） | 大箱（35包以上） | 免運費 |
|---|---|---|---|---|
| 本島費用 | 150元 | 210元 | 270元 | 3,000元以上 |
| 外島費用 | 260元 | 340元 | 400元 | 5,000元以上 |

備註：全雞、全鴨、太空鴨因體積較大故最小以中箱計算
全程採「低溫冷凍」方式配送。宅配之運費採貨到付款。

# 屏東黎記 冰糖醬鴨

## 眷村媽媽的私房菜

曾經在電視台看過黎記冰糖醬鴨介紹，當時眼睛直盯著電視螢幕裡醬燒入味亮晶晶的鴨子，口水跟著流滿地，想不到今日一嘗，又是見面不如聞名的一項商品！

冰糖醬鴨重雖然有密封的外包裝，但因為冰糖醬汁頗多，所以盒內盒外到處都是，保證沾手，可能是運送置放的原因，黎記招牌的冰糖醬汁大部分集中在一邊，造成部分鴨肉過鹹，有點小失敗。

大部分的鴨肉口感和調味都不差，冰涼微甜的鴨肉不澀不柴，口味有點重，非常適合當下酒良品。

醬鴨翅和醬鴨明顯不同，冰糖醬汁完全收乾，不會流得到處都是。雞翅口感比醬鴨硬澀許多，牙齒不好的人請勿輕易嘗試，啃到一半就開始手酸嘴巴痛。

### 團購達人 真心話

屏東黎記冰糖醬汁和台南松村燻之味的蜂蜜醬汁比較起來，我個人比較偏愛松村的煙燻蜂蜜口味，兩種滷味的鴨翅同樣都是偏硬偏乾，建議改食比較軟嫩的雞翅，才不會吃的太辛苦。

醬鴨胗，冷冷的吃比較硬，吃起來頗費力，建議煮麵炒菜時加料食用，根據網友的經驗，這樣口感會比較軟，會好吃一點。

## info 屏東黎記冰糖醬鴨

網站：http://www.liji-duck.com.tw/introduction.html
電話：(08)765-6204
地址：屏東市和平路407之1號
營業時間：06:30～19:00

### 團購才有的優惠！

| 品項 | 價格 | 品項 | 價格 |
|---|---|---|---|
| 冰糖醬鴨(辣／不辣) | 150元 | 醬鴨腳(辣) | 50元 |
| 醬鴨翅(辣／不辣) | 150元 | 滷雞腳 | 50元 |
| 醬雞翅(辣／不辣) | 100元 | 鴨胗 | 100元 |
| 醬鴨舌(辣) | 200元 | 雞尾椎 | 100元 |
| | | 鴨肝 | 50元 |

全鴨／全鴨以斤計價，價格視鴨隻大小價格不定
訂購金額滿4,000元，免運費；未滿4,000元運費自付，
1～4盒140元，5～16盒190元，17盒以上240元。

## 數饅頭～ 饅頭大PK
# 趙記山東V.S.新竹光復

外表黑的發亮的趙記特級黑糖饅頭，愈嚼愈香愈甜，連原本望之卻步的小允嘉，在經過我好說歹說的試了

趙記黑糖饅頭

一小口之後，完完全全的被征服。

光復五穀雜糧

光復淡饅頭

一次蒸3顆饅頭來給允嘉品嚐，中間為趙記特級黑糖饅頭，左邊和右邊分別為安琪媽運用人脈關係，遠從新竹搭車來的光復五穀雜糧和淡饅頭。

通常饅頭和包子兩樣給我選，吃軟不吃硬的我，一定毫不猶豫拿起包子大口咬下，但最近卻連續吃到兩家特別好吃的饅頭，讓我對饅頭大為改觀。一家是貴陽街趙記山東饅頭，另一家是新竹排隊買來的光復饅頭。

光復五穀雜糧　　趙記黑糖饅頭　　光復淡饅頭

新竹光復五穀雜糧饅頭完全以香Q口感取勝，也是單吃哨光光。至於光復的淡饅頭，單吃稍顯無味，我們就選擇夾料加味，像漢堡一樣橫剖後夾入現煎荷包蛋。切開才知道原來內層的紋路蠻像年輪。將淡饅頭加入荷包蛋、肉鬆等，一口咬下就是這幅誘人的模樣。

口味及口感有軟有硬有香有甜，三種都極為美味。中間的特級黑糖饅頭，應該是我吃過最甜的饅頭，比一般黑糖饅頭貴上近兩倍，顏色也黑上兩倍，口感極軟，愈嚼愈香愈甜，貪甜的允嘉一個人就吃超過半顆，是3顆裏面最受歡迎的。

### 團購達人 真心話

趙記的特級黑糖饅頭，香氣特別濃郁，彈性十足口感佳，雖然比一般饅頭貴上許多，但絕對值得一試。

### 大伙相招來團購！

| | 價格 | 運費 | 保存期限 |
|---|---|---|---|
| 新竹光復饅頭 | 淡饅頭9元／粒<br>微甜饅頭／10元<br>五穀雜糧／11元<br>紅糖、芋頭饅頭／11元<br>豆沙包／15元<br>芋泥包／18元 | 不論購買多少，均需付宅配 | 饅頭<br>冷凍1個月<br>包子<br>冷凍15天 |
| 趙記山東饅頭 | 山東饅頭／12元<br>特製黑糖饅頭／20元<br>芋頭饅頭／12元<br>麥片饅頭／12元<br>花捲／12元<br>豆沙包／12元 | 不論購買多少，均需付宅配。因店家人手不多，無法代為處理宅配，需由消費者自行處理 | 冷藏3天<br>冷凍<br>1個月 |

**Info 新竹光復饅頭**
電話：(03)571-5713
地址：新竹市光復路二段498號
營業時間：07:00～21:30（周日公休）

**Info 趙記山東饅頭**
電話：(02)2371-3510
地址：台北市貴陽街二段50號
（西寧南路與昆明路之間）
營業時間：10:00～15:00（周日公休）

# Part 5

# 伴手禮&茶品 & Costco專區

外出旅遊訪友煩惱帶什麼伴手禮好？看這裡就知道！

三角湧黃金牛角
**$17**/個

# 三峽金牛角

在地老店
歷久不衰

「福美軒」和「三角湧黃金牛角」也許不是大家心目中排名第一的金牛角，但他們都有著能持續吸引死忠客戶的最大特點，那就是「堅持老店品質，不亂開分店，除了電話傳真訂購之外，想吃熱騰騰剛出爐的金牛角，請乖乖到三峽本舖排隊！」

1958年創立
福美軒餅舖

福美軒金牛角
**$17**/個

大約兩年前，在媒體強力報導及放送之下，三峽金牛角曾經有過一段全民搶購的風光時期，當時台北縣市各地如雨後春筍般，突然冒出一堆號稱正宗三峽金牛角的連鎖專賣店，金牛角也理所當然成為當時辦公室及網路上最熱門的團購美食名單。但有如葡式蛋塔效應，經過兩年長時間之考驗，大街小巷的金牛角連鎖專賣店幾乎倒光光剩下沒幾間，時至今日，還讓人願意大排長龍花時間排隊等候的就只有兩家正宗三峽老店「福美軒」和「三角湧黃金牛角」。

## 福美軒餅舖

位於三峽鎮農會旁菜市場內的福美軒，裝潢就維持老店風貌，看起來跟一般巷弄麵包店差不多。福美軒的生意看起來硬是比三角湧老店好上許多，非假日的午後，還是大排長龍，金牛角20分鐘出爐一次，儘管已經每人限購30個，但還是讓我們等了兩輪約40分鐘，排隊的時候我們還發現連隔壁服飾店的老板也埋在排隊人潮之中，老闆說是幫客人代買的。看來福美軒真的一視同仁，就算是街坊鄰居，還是請照規矩來，建議早點來比較不用排隊。

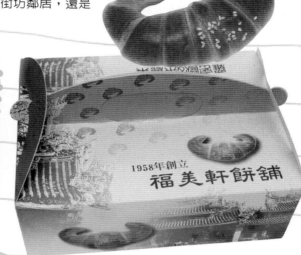

魔鬼甄、鳥先生的最愛！

福美軒金牛角，標準的外酥內軟香氣十足，吃起來口感比三角湧好一些，但也相對的較油膩，我和鳥先生比較喜好此味。

福美軒金牛角1個17元，買10個禮盒裝180元，禮盒一個要價10元，由於金牛角一定是出爐現賣，所以盒口還不能封起來，盒裝10個金牛角剛剛好。

83

## 三角湧黃金牛角

既然是趁著周末補課之際造訪三峽，順道將兩家老店的金牛角一網打盡。三角湧黃金牛角老店位於三峽大同路，離三峽老街比較遠一點，店面裝潢新穎明亮，5、6個店員一字排開於櫃檯前提供服務，櫃檯桌面上已包好一袋一袋剛出爐的金牛角，正等著客人付款後領走。三角湧經過重新裝潢後，比較沒有老店的氣氛，由於人手眾多，雖然買金牛角不用排隊，但門口還是可見併排買金牛角的車潮。

值得一提的是三角湧的店員服務非常親切，而且每一個金牛角都會另付一個小塑膠袋，讓人吃完不會滿手油膩，很是貼心。

允嘉的最愛！！
三角湧金牛角，外酥內紮實，裡面的麵包口感綿密嚼勁十足，不似福美軒的鬆軟，當然也沒有福美軒油膩，允嘉愛到不行！

### 超級比一比！
# 誰是大贏家

三角湧黃金牛角

福美軒金牛角

他們的外觀也不盡相同，三角湧的中間較肥厚，白芝麻均勻撒在麵包主體表面，福美軒的則一體成型，白芝麻撒在中間，把牛角立起來，彎曲度也不太一樣。

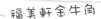
福美軒金牛角

剖半比較一下，稍微可以看出右邊的三角湧牛角麵包較緊密一點。

三角湧黃金牛角

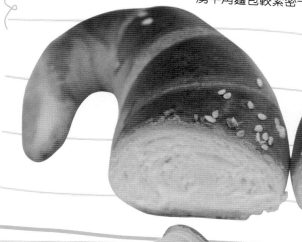

三峽鎮農會旁還有間特別的泡泡龍珍珠奶茶店，招牌珍珠奶茶裡有大小珍珠，初嘗時極度驚艷，這次是第三次造訪，不知道是什麼原因，感覺沒前兩次那麼優，不過當場吃金牛角配泡泡龍珍珠奶茶是一定要的啦！

允嘉看到牛角馬上玩了起來，有吃又有玩，一臉興奮的模樣。

**info 三角湧金牛角**
電話：(02)2673-3335、(02)2673-2233
地址：台北縣三峽鎮大同路79號
營業時間：06:00～18:00，周日公休

**info 福美軒餅鋪**
電話：(02)2671-1315，(02)2671-1350
地址：台北縣三峽鎮信義街25號
營業時間：07:00～19:00（平日）、08:00～18:00（假日），周一公休

### 大伙相招來團購！

| 品名 | 售價 | 運費及優惠說明 | 保存期限 |
|---|---|---|---|
| 三角湧金牛角 | 17元 | 宅配不限數量，但需另加收運費，若以該本店貨車外送免運費，但需達基本數量詳情請洽店家 | 常溫3天 冷凍14天 |
| 福美軒金牛角 | 一個17元 袋裝10個170元 禮盒裝10個180元 | 300個以下，宅配費自付 300個以上免運費 | 常溫3天 冷凍1個月 |

**團購達人 真心話**
福美軒服務人手太少，造成人龍久候不易消化，以前還有備椅子讓人坐著等候，現在則是完全請客人站著等，形同罰站，應該要加強服務品質。

## 酥脆魚鮮味
# 淡水許義魚酥

在淡水所有名特產裡面，我們最愛的就是許義魚酥，每次出遊淡水，不買個4、5包魚酥回家實在是對不起同事、家人和自己！

淡水老街上的魚酥老店有很多家，我們幾乎都買來吃過，吃來吃去還是以許義魚酥勝出，其口感和魚鮮味都明顯優於其他對手。在其他店家都進駐便利商店和大賣場的今日，許義魚酥還是堅持每天現炸現賣，手工製作，不需要賣場代理出售，等不及電話訂購宅配，就請乖乖到淡水老店購買。

**魔鬼甄 也推薦！**

除了魚酥有名之外，八里香酥花生因份量小好攜帶，且口感香酥，也很推薦。

許義魚酥有兩種，一種是魚酥羹專用的一般塊狀魚酥，另一種適合當零嘴的改良式條狀魚酥，兩種都是將魚肉和魚骨打碎，加入蕃薯粉後，經過兩次炸製而成，第一次的作用是炸熟，第二次是使其炸酥，堅持手工一貫的品質，不機器量產銷售。脆而不膩，每包開封後必定一口接一口的迅速清光，是我們家最熱銷的零嘴之一。魚酥有原味及辣味兩種口味，經過比較之後，原味有著單純的魚香，加了微辣的辣味滋味較不單調，不過兩種口味，都抓得住我們的胃！

### 團購達人 真心話
許義魚酥雖然是由鮮魚製作，並有著香酥可口的特點，但考量到油炸製程，過量食用恐危害健康，希望店家能夠有份量減半的小包裝，以免每次都不自覺地吃個不停。

**大伙相招來團購！**
香酥花生一包25元、許義魚酥一包50元／170g，魚酥要滿30包以上才接受郵寄訂購，郵資100元。魚酥有40天的保存期限。

**info** 淡水許義魚酥
電話：(02)2621-1414
地址：台北縣淡水鎮中正路184號
營業時間：06:00～17:00（假日到18:00）

馬英九的最愛
# 新竹福源花生醬

這傳說中馬市長極愛的福源花生醬果然名不虛傳，入口香醇，富含顆粒的口感緩緩從嘴巴進入喉頭，花生香氣久久不散，美味完全封存，大推薦！

福源的店面完全不起眼，藏身於新竹市東大路東大高架橋旁，就如同一般雜貨店內內外外堆滿各式物品。老闆娘背後的貨架上一整排都是店家自製花生醬。

福源的花生醬循古法製造，不添加任何防腐劑，火候掌握恰好，我們去時剛好買到早上剛出爐的新鮮貨，拿在手上還是溫熱的，一時興起搖晃瓶身，這花生醬非一般黏稠狀，而是可以上下左右流動，呈液體狀態，新鮮度沒話說。剛做好的花生醬可以在室溫置放兩個月，之後就須冷藏，老闆提醒最好在3個月內食用完畢。尺寸有大中小3種尺寸可選擇，分有顆粒和無顆粒的，我們買了1大3中自用兼送禮。

第一次由好友小鳳手中拿到時，焉不知這外表樸素到不能再樸素，貼上紅底白字標籤紙的花生醬，竟是馬英九從小吃到大的好口味。不嗜甜食的鳥先生初嘗驚為天人，每天在家閒來無事，經過就挖一口，整罐可說都是被他清光的。而那時摯友安琪正好賞我一包福義軒手工餅乾，當場被他加工成花生夾心餅乾。超級香濃，滑潤中並帶有顆粒的絕妙口感，搭配板橋陽明街上和泰興麵包著名的鮮奶土司超對味，極致美味極致享受啊！

**大伙相招來團購！**
花生醬不論顆粒或無顆粒，一律大罐140元、中罐100元、小罐70元。280元以上可宅配，貨到付款，運費100元，超過1,800元免運費。

**團購達人 真心話**
福源花生醬每天手工製作，料真實在新鮮看得見，加入糖、鹽調味，鹹鹹甜甜較不膩，聽說芝麻醬也是這邊熱賣的商品之一喔～

**info 福源花生醬**
電話：(03)532-8118　地址：新竹市北區東大路一段155號
營業時間：08:00～21:30

**奕順軒宜蘭餅**
$200 8入/32片
平均$6.25元/片

口味：鮮奶、芝麻、起司、楓糖、海苔、紅麴
厚度：薄如紙片，入口即碎，又香又脆微甜，一手拾起一個不小心就會折半碎裂，所以得小心翼翼享用才行。
特色：起司帶點鹹味越吃越夠味；芝麻跟鮮奶則是香醇略帶點甜味，吃不膩是他們共同的特點，很容易一片接著一片而不自知，我與允嘉甚至還輕輕的拿牛舌餅乾杯咧！

**允嘉的最愛**

# 宜蘭牛舌餅大評比

宜蘭的手工超薄牛舌餅，長期佔據允嘉的最愛零食排行榜第一名，上次問他：「要去買玩具還是買牛舌餅？」，答案竟然是牛舌餅勝出，允嘉對牛舌餅的迷戀由此可見一斑！

**長房老元香**
$55 包/10片
平均$5.5元/片

**宜蘭餅**
$120 2盒/16片
平均$7.5元/片

口味：紅麴、楓糖、香椿、海苔、竹碳芝麻、椰香、乳酪、鮮奶
厚度：餅身比亦順軒略厚，但口感同榛香酥。
特色：廣告預算和行銷通路最多的宜蘭牛舌餅，強調純手工製作，口味眾多，選擇性高；口感和口味都算是水準以上，絕對優於其他品牌牛舌餅。

口味：原味蜂蜜、黑胡椒、芝麻、黑糖
厚度：0.2公分左右
特色：香脆的口感，而且雖美其名為超薄，但比前兩家0.1公分厚上許多。但這種略硬具嚼勁的口感反而是鳥先生的最愛。

一直以來對於牛舌餅並無特別偏好，某次參加朋友的聚會，嚐到宜蘭出產的超薄牛舌餅，從來沒有吃過口感這麼薄、又香又脆的牛舌餅，還是鮮奶口味！由於一盒速速由大伙瓜分掉，縱使想再一嚐其美味，卻不知從何買起(忘了記下店名)～～～

## 奕順軒 宜蘭餅

某天，學妹weiwei來電告知從娘家宜蘭回來，並且帶了當地知名的等路「超薄牛舌餅」，已經order宅配以第一時間送達，當時並沒有想到那可能是之前驚鴻一瞥的美味，然學妹即時送來的美意，竟被我這不肖的主婦給一擱，60天過去了，完全忘了它的存在。

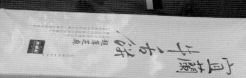

哇！
怎麼這麼好吃！

某次颱風來襲，為了以身作則捍衛家園與允嘉窩在家中，除了炒飯填肚之外，漫漫長日還需要借助零食及電視打發，這是颱風天不變的守則。突然間憶起早些日子weiwei遞來的特產！有如天降甘霖似的，我欣喜的拆開，似曾相見！馬上向允嘉推薦這好料！

允嘉的最愛！
不管奕順軒那一種口味，我都愛！不是宜蘭出產的牛舌餅，我不要！

**info**

## 奕順軒
網址：http://www.pon.com.tw/

**羅東店**
電話：(03)955-0216
地址：羅東鎮民權路160號
營業時間：08:00～22:30

**宜蘭店**
地址：宜蘭市神農路二段17號
電話：(03)933-4535
營業時間：09:30～22:30

牛舌餅，允嘉的最愛！

超薄鮮奶牛舌餅！
薄．脆．酥．香！

宜蘭手工超薄牛
舌餅，我的零食
排行榜第一名！

自從那一次美好的牛舌餅初體驗，允嘉就念茲在茲久久不忘，「孝子」的我們只好親自殺去宜蘭採購，這次帶回了另外其它廠牌，一起讓嘉少爺試試。

大好吃啦！！
吃完了怎麼辦？

經過少爺一一品嘗後，奕順軒仍是最愛，但宜蘭餅也有其一定的優勢，至於老元香我和鳥先生則各有所愛！

魔鬼甄的最愛！

奕順軒起司口味，甜中帶鹹，超級推薦！長房老元香的口感也不賴，推薦黑糖口味的。

鳥先生的最愛！

厚脆的長房老元香牛舌餅，質地較硬咬下去會很大聲的那種最好。

**info 宜蘭餅食品有限公司**
網址：http://www.i-cake.com.tw/index.phtml
電話：(03)954-9881、(03)956-3798
地址：宜蘭縣羅東鎮純精路二段130號
營業時間：08:00～22:00

**info 長房老元香**
電話：(03)932-3595
地址：宜蘭市神農路二段87號
營業時間：09:00～22:00

### 大伙相招團購！

用現場挑選單包的售價來比較！

| 品名 | 運費 | 保存期限 |
|---|---|---|
| 奕順軒 | 3,000元以下，另加運費150元，外島運費另計。購買滿3,000元，同一日期、地點免收運費 | 3個月 |
| 宜蘭餅 | 1,000元以下─宅配150元<br>1,000～2,500元以下─宅配100元<br>2,500元以上─宅配200元<br>4,000元以上免運費(不包括離島) | 3個月 |
| 長房老元香 | 6包可裝1箱，2箱以內宅配130元，30包以上免運費 | 6個月 |

**團購達人 真心話**

說到宜蘭，就想到牛舌餅，辦公室如果出現牛舌餅，大概就知道一定是有同事跑去宜蘭玩，但並非宜蘭出產的牛舌餅就保證好吃，之前吃過十幾家，從來沒有覺得好吃，但奕順軒及長房老元香的牛舌餅就屬上乘，記得去宜蘭要買對家喔！

# 三合餅舖蔥燒餅

好友Wisely從宜蘭收假回來帶來好料「三合餅舖蔥燒餅」,聽說這是他冒著大雨騎機車出門,再排隊40分鐘才買到的火熱在地小吃,感恩啦!

不同於一般長條燒餅造型,宜蘭蔥燒餅是圓圓的造型,這種圓型的燒餅,還真的是第一次看到!沒想到這是宜蘭特有的古早燒餅,已有40幾年的歷史。

要保有古早味,就非得靠手工製作,從揉麵、包餡、捍薄,送入烤箱前的噴水、戳洞等動作,每個環節都要注意,才能確保美味不流失。燒餅裡有著獨特的香氣,係使用在地宜蘭蔥及植物油做的油酥。最特別的是,這燒餅可不能趁熱吃,須放涼再食用,如果熱熱的吃,咬勁不夠反而有損美味。
不同於一般冷掉的燒餅,三合餅舖蔥燒餅不會有那種令人作嘔的油膩感,帶著香氣卻不油,厚食但兼具酥脆的口感,很耐人尋味。

Wisely後來又陸陸續續送了兩、三次,有一次帶來給同事們一起分享,大家都驚呼這餅怎麼這麼香又脆,好吃!還追問我那裡買得到!無法親至宜蘭排隊又想一嚐其美味的朋友,店家也提供宅配服務,不過可能就得有一定的數量及自付運費。

零食小吃和電視一直以來都是最佳拍檔,我們一家一邊啃燒餅,一邊配電視,歡樂加倍!
三合餅舖蔥燒餅繼奕順軒牛舌餅之後再度擴獲允嘉的宜蘭美食,邊吃還連聲說讚!下次會叫他好好謝謝Wisely叔叔,不過男生親男生,獎勵有限!

**團購達人 真心話**
簡單用1斤塑膠袋裝,上面還束著紅色的拉繩,送禮雖不體面,但仍是值得推薦給家人朋友們的傳統好味道。

**大伙相招來團購!**
11片50元,室溫可放10天,不論購買多少,均需自付宅配費用。

**info 三合餅舖**
電話:(03)932-4532
地址:宜蘭市泰山路80號
營業時間:10:00~21:00

**麥園鳳梨酥**
$23 / 個

**俊美鳳梨酥**
$12 / 個

旺來旺來旺旺來

# 鳳梨酥大點名

所有的中秋節賀禮中，我最喜歡的就屬鳳梨酥，皮酥餡軟，帶著鳳梨的香甜，正方型、長方型、大大小小都有，尤其是裡頭包有蛋黃的鳳黃酥更是令人難以抗拒！

**小潘鳳梨酥**
$12 / 個

**李鵠鳳梨酥**
$12 / 個

逢年過節時，不論坐捷運、騎機車、還是走路，都可以看到一堆人，手上提著各式大袋小包的年節禮品，可能是業務上需要，可能是人情世故上的需要，反正送禮這回事，已成為群居社會中必熟習的文化與做人道理。近幾年過年收到的鳳梨酥特別多，台中俊美、基隆李鵠、板橋小潘和木柵麥園，個個來頭不小，看在愛吃鳳梨酥的我而言，簡直就是珍品！於是乎就把這幾家美味各擅勝場的鳳梨酥，來個集合大點名！

## 俊美 鳳梨酥

俊美鳳梨酥是來自台中的名店，賣的產品除了鳳梨酥之外，還有松子酥、太陽餅、杏仁片、綠豆椪等，這家鳳梨酥是好友安琪的媽媽的最愛，內餡表現不錯，但外皮稍差，所以一咬下容易掉屑，依尺寸而言，個頭最小。

**info 俊美食品**
大墩店
電話：(04)2471-3779
地址：台中市大墩七街188號
營業時間：08:00～22:00

俊美的松子酥也頗富盛名，是好友小鳳的最愛，更視為每年一定要吃到的好物！

## 李鵠 鳳梨酥

基隆李鵠是當地知名的百年老店，創立於清光緒8年，僅此一家，別無分店，提供商品有訂婚禮餅、蛋黃酥、咖哩酥、綠豆沙餅、鳳梨酥、太陽餅等，是好友小鳳專程從基隆送來的伴手禮，皮最厚餡最少，但鳥先生愛死這個餡皮組合比例，但我覺得有點偏甜。

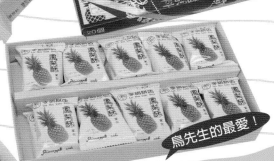

鳥先生的最愛！

百年老店的基隆李鵠鳳梨酥，它的餡料雖甜，別有一番風味引吸著我。

**info 李鵠餅店**
網址：http://hipage.hinet.net/lee-hu
電話：(02)2422-3007
電話：基隆市仁愛區仁三路90號
營業時間：09:00～21:30

## 小潘 鳳梨酥

板橋小潘是嫁來板橋後才知道的巷內美味，不要以為在巷內中就沒人知道，好吃的東西可是絕對不寂寞的。

小潘在中秋節時的訂單可是接到手軟，沒時間提供店內其他的商品！而且最絕的是，採極簡包裝，每一個赤裸裸的直接疊入盒中，相當環保，裡頭的內餡，除了甜餡外還加入鹹蛋黃，巧妙的平衡鹹甜，形成難以言喻的好滋味。

魔鬼甄的最愛！

小潘是板橋在地的好味道，又是值得自豪的家鄉美味！加蛋黃但不加價，推薦給你們。

### info 小潘蛋糕

電話：(02)2966-7721
地址1：台北縣板橋市中正路135巷11之1號
地址2：台北縣板橋市中正路135巷12弄1號
營業時間：09:00～24:00

## 麥園 鳳梨酥

木柵麥園口味有4種：鳳梨、哈蜜瓜、棗泥和海苔。個頭最大，皮薄內餡最紮實飽滿，香軟不甜，吃一個抵其他鳳梨酥兩個，切忌不可一口吞下！較屬清淡口味，比較不容易吃膩。

海苔

鳳梨

哈蜜瓜

### info 麥園蛋糕食品有限公司

網址：http://www.gf164.com.tw/front/bin/home.phtml
電話：(02)2938-5722
地址：台北市文山區木柵路二段164號(近文山一分局)
營業時間：07:00～22:00

包裝比一比

3種有包裝的鳳梨酥排排坐，小潘無包裝所以沒加入戰局，各家包裝都各具特色。

## 個頭比一比

個頭上以麥園尺寸最大，小潘次之，台中的俊美最小。不過個頭最大的麥園，價格也高！

台中俊美　　基隆李鵠　　板橋小潘　　木柵麥園

安琪媽媽最愛　　烏先生最愛　　我的最愛　　我的最愛

## 口味比一比

從皮與餡料來比較，每家各有其獨特之處！

皮：普　餡：優　　皮：優　餡：特優　　皮：優　餡：優　　皮：普　餡：優

各家鳳梨酥皆擁有廣大的支持者，所謂青菜蘿蔔各有所愛，每個人口味不同。

| 品名 | 俊美 | 李鵠 | 小潘 | 麥園 |
|---|---|---|---|---|
| 價格 | 12元 | 12元 | 12元 **勝** | 23元 |
| 外觀 | 長方形，最小 | 長方形 | 長方形，大又厚 | 近正方形 最大 **勝** |
| 口味 | 餡香Q皮酥脆 容易掉屑 | 餡鬆皮鬆 甜味獨特 **勝** | 內餡加有蛋黃 口味特殊，皮略油 | 餡多 甜而不膩 皮薄不油 |
| 包裝 | 古色古香的精美盒裝 獨立分裝 **勝** | 很鄉土味的盒裝 獨立分裝 | 簡易盒裝 無獨立分裝 | 普通盒裝 獨立分裝 |
| 整體滿意 | 餡優皮普 | 餡少皮厚 | 餡香皮酥 | 鬆而不甜 |

## 大伙相招來團購！

| 品名 | 售價 | 優惠及運費計算方式 | 保存期限 |
|---|---|---|---|
| 俊美 | 10入 / 120元<br>20入 / 240元<br>30入 / 360元<br>40入 / 480元 | 3,800以下運費120元<br>3,800～7,500元運費200元<br>7,500～9,999元運費300元<br>1萬元以上免運費 | 室溫下保存90天，不可冷藏 |
| 李鵠 | 10入 / 120元<br>20入 / 240元<br>30入 / 360元 | 以10入、20入或30入計<br>10～150個鳳梨酥運費100元<br>151～210個鳳梨酥運費150元<br>211～300個鳳梨酥運費180元 | 1個月，不需冷藏 |
| 小潘 | 一個12元<br>禮盒裝32入 / 380元<br>餐盒裝15入 / 180元<br>餐盒裝20入 / 300元 | 宅配費另計，禮盒裝12盒以內100元 | 14天，不需冷藏 |
| 麥園 | 鳳梨口味：<br>12入 / 276元<br>24入 / 552元 | 以12入或24入計<br>12～120個鳳梨酥運費150元<br>121～240個鳳梨酥運費200元 | 21天，不需冷藏 |

### 團購達人 真心話

鳳梨酥最好不要冷藏，因冷藏過後餡會變硬，嚴重影響口感，所以最好趁鮮食用。其實鳳梨酥這類食品，因保存期限不長，切勿買大盒裝，以免過期糟蹋食物。平常若想吃，店家常態皆有提供，單買一個吃個味道過過癮吧！

**黑竹園雞腳凍**
$160／盒

# 黑竹園、蕃薯市、東海
# 雞腳凍大車拼

冰涼涼的雞腳凍，膠質豐富，越啃越有味道，愛爪一族，吃雞腳凍只須一隻手就夠了，看他們往嘴巴一送，利用舌頭、牙齒一攪，就能輕易讓爪子上的骨肉分離，一臉滿足的模樣，直呼好吃到想舔腳趾！

**蕃薯市雞腳凍**
$100／盒

**東海雞腳凍**
$35／7隻

從小就被媽媽禁止啃雞腳，卻嫁到一個全家人都超愛啃雞腳的家庭，既來之則安之，甚或誘之愛之。受鳥氏家族的影響，雖然無法像他們的功力高深達啃到屍骨無存的境界，但也從不會啃到完全enjoy這種吸吮的樂趣，也敢放膽的咬骨頭，從小不可以啃雞腳的舊習，就在為人婦之後解禁。

婆婆的娘家在員林，舅舅阿姨都住在那兒，每回到員林舅舅家作客，當然不能不去嚐嚐鳥先生口中的極品—黑竹園雞腳凍，不過上次至鹿港遊玩之前，阿姨在閒聊中不經意透露，員林這裡還有另外一家好吃的「蕃薯市雞腳凍」，於是當然不能錯過。當天我們也買了鳥先生從小吃到大的黑竹園雞腳凍，當然之前也吃過無數次的台中東海雞腳凍，這3大品牌剛好可以一起來比較比較！雖然最後不管在人氣、買氣皆以東海勝出，但不管那一家，皆能享受啃骨吮指的樂趣。

## 超級比一比！誰是大贏家

## 口味比一比

### 黑竹園 雞腳凍

黑竹園雞腳凍成份說明是採用新鮮雞爪，很少看到雞腳凍是這種極深的顏色，同樣也是採大隻去骨，肉多凍多膠質多，大份量販售。鳥先生前幾年回員林都是吃這家。

### 蕃薯市 雞腳凍

蕃薯市雞腳凍強調是用卜蜂鮮雞爪，顏色較淺但魯得十分夠味，比黑竹園稍辣，雞腳凍大隻去骨，肉多凍多膠質多，份量有分大小盒販售，我和鳥先生一致認為口味上大勝黑竹園，但這只是個人味覺感言，不保證一定符合大家的意！

**info 黑竹園雞腳凍**
電話：(04)831-3929
地址：彰化縣員林鎮崙雅村員水路一段676巷12號
營業時間：08:00~22:00

**鳥先生的最愛！**

雞腳的極致享受，非得選擇大隻又辣的蕃薯市雞腳凍，肉多味美。

## 東海 雞腳凍

### 團購雞腳中
### 最有名的當屬台中東海雞爪凍

小隻完整的雞腳，以3小時燉煮後，浸泡在10多種香料及壺底蔭油熬製而成的滷汁中，讓香味滲入，不但滷得軟爛，稍微吸吮，就能輕易讓骨肉分離，小姑特愛這一味。

## 商品比一比

蕃薯市所提供的商品最簡單，只有四種，鴨舌、鴨翅、雞胗、雞腳凍，雞腳凍有分大小盒，其餘產品則無分別。如要黑色放山雞腳凍，也要事先預約。

電話訂購　蕃薯市　活海產　保鮮配送
創始30年雞腳凍
04-8355817

### 鴨翅
$100 / 盒

### 鴨舌
$100 / 盒

info 蕃薯市雞腳凍
網址：http://7aa005.598.com.tw
電話：(04)835-5817
地址：彰化縣員林鎮光明街232號
營業時間：10:00～24:00

## 黑竹園 雞腳凍

黑竹園除了販賣雞腳凍，還有雞翅凍、鴨腳、鴨舌、鴨翅、茶梅及咖啡橄欖等，雞翅凍我們吃過，價位與雞腳凍一樣，但隻數較少，好吃是好吃，但礙於份量較小著實不夠過癮。另外鴨腳得事先於2天前預訂。

**鴨舌**
**$100** / 盒

**雞肫**
$30 / 盒

**豬腳筋**
已停止販售

## 台中東海 雞腳凍

東海除了招牌雞爪凍之外，還有沙茶牛肉片、豆干、豬腳筋、雞肫、雞翅、黑胡椒毛豆、土豆、海帶等。不過由於「豬腳筋」在市場上原料供需失衡，店家已於96年2月停止販售豬腳筋。

允嘉的最愛！

只要是膠質類的我都愛！東海的豬腳筋及雞爪完全符合要求，想要維持滑溜溜的好肌膚，這一味絕對不容錯過。

魔鬼甄的最愛！

東海雞爪凍除了各式滷味外，還有著名的蓮心冰更是一絕。蓮心冰其實就是彎豆冰，由兩球紅豆冰淇淋、綠豆沙再撒上花豆，三者組合而成，大碗好吃又便宜(20元)，入口綿密又附有顆粒，很難抗拒，但最好在店內品嘗，避免融化。

**info** 東海蓮心冰雞爪凍
網址：http://sanhoyan.idv.tw/main.htm
電話：(04)2632-0182
地址：台中縣龍井鄉新興路1巷1號
營業時間：10:00～22:00

## 服務比一比

蕃薯市及黑竹園皆是顧客上門後，親自了解需求，再轉身自冰櫃中拿取欲購買之商品，不過皆以大份量販售，一盒100或150元。至於店家方面，員林的雞腳凍商家有很多，下交流道沿省道沿路都可以看到一堆雞腳凍店家指引，較有名的店家有黑竹園、蕃薯市、黃家、田園和鬍鬚林雞腳凍等。

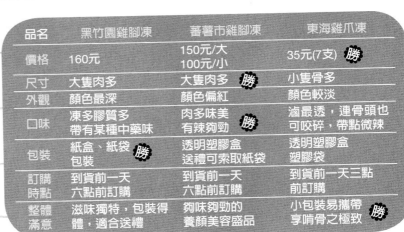

| 品名 | 黑竹園雞腳凍 | 蕃薯市雞腳凍 | 東海雞爪凍 |
|---|---|---|---|
| 價格 | 160元 | 150元/大<br>100元/小 | 35元(7支) 勝 |
| 尺寸 | 大隻肉多 | 大隻肉多 勝 | 小隻骨多 |
| 外觀 | 顏色最深 | 顏色偏紅 | 顏色較淡 |
| 口味 | 凍多膠質多<br>帶有某種中藥味 | 肉多味美<br>有辣夠勁 勝 | 滷最透，連骨頭也<br>可咬碎，帶點微辣 |
| 包裝 | 紙盒、紙袋<br>包裝 勝 | 透明塑膠盒<br>送禮可索取紙袋 | 透明塑膠盒<br>塑膠袋 |
| 訂購時點 | 到貨前一天<br>六點前訂購 | 到貨前一天<br>六點前訂購 | 到貨前一天三點<br>前訂購 |
| 整體滿意 | 滋味獨特，包裝得<br>體，適合送禮 | 夠味夠勁的<br>養顏美容盛品 | 小包裝易攜帶<br>享啃骨之極致 勝 |

東海則因地利之便生意最好，為消化排隊人潮，採用自助的方式，讓顧客自由在冰櫃前選購，之後再排隊付款，不但節省人力成本，顧客也較有時間慢慢挑，不會有所負擔。採用小盒裝(一盒35元)，好處是一次即可輕鬆解決，不必擔心一大盒吃不完。

### 團購達人 真心話

東海的雞爪於96年初漲價了！而黑竹園則是團購宅配價比現場價貴個10元，只有蕃薯市依舊原價販售，真是撿到便宜，因為我們最愛這家的雞腳口味。不過因為有點辣，只好對不起小允嘉了。倒是如果在外頭吃雞腳，尤其在車上，半斤塑膠迷你袋是必備物品，一方面可避免把手弄髒，一方面也方便丟棄無法啃食之碎骨，但以上三間店家都沒有主動提供，東海雞爪朝馬車站分店，向店家索取塑膠袋，老闆娘還臉色大變，不太情願的給3個，待客之道似乎需要加強。

### 大伙相招來團購！

| 品名 | 售價 | 優惠及運費計算方式 | 保存期限 |
|---|---|---|---|
| 黑竹園<br>雞腳凍 | 現場價150元/盒<br>宅配160元/盒 | 訂購金額滿1,600元以上，即可不用另外加運費140元<br>★可貨到付款 | 冷藏5天 |
| 蕃薯市<br>雞腳凍 | 100元/小盒<br>150元/大盒 | 消費滿1,500元免運費，不滿1,500元運費120元<br>★可貨到付款 | 冷藏5～7天 |
| 東海<br>雞爪凍 | 35元/盒 | 1～12盒運費140元、13～40盒運費190元<br>41～80盒運費240元<br>除了腳爪以一盒計，其餘商品皆是半盒計。<br>★可貨到付款 | 冷藏4天 |

### 其他暢銷店家一覽

**黃家雞腳凍**

電話：(04)833-5900
地址：彰化縣員林鎮莒光路780巷34號

**田園雞腳凍**

網址：http://048378977.twmall.biz
電話：(04)834-3553
地址：彰化縣員林鎮南昌路41-1號

**鬍鬚林雞腳凍**

網址：http://www.beardlin.com.tw/
電話：(04)823-8889
地址：彰化縣埔心鄉中山路168號

# 隨手來一杯
# 基諾奶茶、無糖咖啡

基諾(GINO)的英國奶茶表現中規中矩，茶香奶香沒有特別突出，但以此便宜的價格，讓我得到類似貝納頌和昂列奶茶享受，讓人還是想推薦一下。

基諾奶茶也算是PTT熱門團購之一，雖然並不是特別好喝，但以每包5元的價格，卻可比擬市面販售的貝納頌奶茶、昂列奶茶，就C/P值和隨泡即有的便利性而言，還是非常值得購買。

沖泡時水量要控制一下，水量太多一定會覺得難喝，基本上我都是泡160～200cc，超過的話味道會太淡，可能要一次泡兩包，味道才會夠。另外這次也一併買回基諾無糖咖啡，這款烏先生愛喝，我則持反對意見。

利用純喫茶紅茶口味加上牛奶，就成了很夠味的奶茶！個人偏好茶與奶的比例是3:2或2:1，喝完會有飽脹的感覺，因為是加入鮮奶而不是奶精。要注意的是，千萬不要買到生烏龍茶口味的純喫茶來混合，味道還真不是普通的怪啊！

後來查了網路，發現這家的多穀養生麥片、榛果山藥薏仁、羊奶和茉香奶茶也有好評。雖然大賣場或一般傳統市場也有賣，不過經同事回報，略比團購價格貴。但值得一提的是，若想要試試味道，基諾還提供了門市賣場，可以去試喝！

## 團購達人 真心話

基諾奶茶一包換算下來5元，有30元的水準；鮮奶加純喫茶一杯換算下來20元，比五十嵐40元的奶茶好喝。大家可以比較看看，或是自行開發新配方，應該也有意想不到的效果。

## 大伙相招來團購！

| 產品名 | 批發價 | 團購價 | 經濟包 |
|---|---|---|---|
| 基諾英國奶茶隨身包 | 200元／38包 | 180元／38包 | 140元／600g |
| 無糖咖啡隨身包 | 200元／40包 | 180元／40包 | 無 |

**訂購金額超過2,000元(需以團購價計)可享團購價折扣，免運費。**

**Info** 匯霖國際股份有限公司

網址：http://www.gino-cafe.com.tw/
電話：(02)2740-8929、(02)2740-2292
地址：台北市遼寧街101巷2弄5號

# 韓國正友 蜂蜜柚子茶

## 酸甜滋味讓幸福重現

正友柚子茶以往都要特地繞去永和採買，但自從成為PTT上的熱門團購產品後，不必出門也可以買到，超方便的。

韓國柚子茶最有名的賣場就在永和的韓國街，幾乎整條街的服飾店都有在兼賣，而且還有不少牌子，如：都來旺、一和、正友及韓味不二等等，喝起來的口感都大同小異。

韓國進口正友蜂蜜柚子茶1公斤玻璃瓶裝，看起來很大，但不要以為這1公斤裝很大一罐會不好拿，其實瓶身兩側特地設計了凹槽，完全符合人體工學，拿起來相當順手！

一大開瓶蓋，柚香瞬間撲鼻，整罐充滿柚子的果肉，標榜採用韓國品質第一高興郡豆原的柚子，依個人喜好，挖2～3匙加熱開水直接沖泡，可保暖兼具補身之用，亦可直接當果醬夾入貝果、土司或拌入原味優格，其滋味、口感絕不輸一般的果醬。

正友的蜂蜜柚子茶，泡上一壺再切點蘋果、芭樂、鳳梨片和大量冰塊下去，冰涼飲用風味絕佳，如果再加沖紅茶，保證打死外面市售的水果茶，而且還有超好吃的果肉可享受。

## info 高麗購

網址：http://store.pchome.com.tw/jungwootw/M00235563.htm

售價：250元／瓶

### 大伙相招來團購！

每瓶 250 元，整箱購買2,400元，平均一瓶只要200元

| 數量 | 1瓶 | 4瓶 | 6瓶 | 12瓶/整箱 |
|---|---|---|---|---|
| 售價 | 250元 | 960元 | 1,380元 | 2,400元 |
| 運費 | 100元 | 0元 | 0元 | 0元 |
| 總價 | 350元 | 960元 | 1,380元 | 2,400元 |
| 平均單價 | 350元 | 240元 | 230元 | 200元 |

## 團購達人 真心話

柚子茶的保存期限長達一年，不但方便泡製，價錢亦可接受，熱飲潤喉暖身，冷飲清涼解膩，好喝又健康。

魔鬼甄的最愛！

算是螞蟻一族的我，一杯至少要加入3～4匙才肯停手，特愛吃沉在杯底下的柚子皮及碎果肉。

允嘉的最愛！

只喝茶不吃料的傢伙，而且得等柚子茶入味後，把料跟茶分離才肯喝，這樣也好，母子倆恰好各取所需。

# K&K
# 紅龍香檬雞柳條

紅龍香檬雞柳條是Costco的火紅商品之一，常常在網路上看到徵求合購的訊息，只要成為Costco會員護照裡的特價商品，就會造成大搶購。

LEMON CHICKEN STRIPS

K&K FOODS

Costco熱門紅龍產品有牛肉漢堡肉片、雞塊和香檬雞柳條，由於每包份量都很大，不是單一家庭可以消化，紅龍香檬雞柳條一包2公斤裝，內有兩小包，總共約有50塊雞柳條，特價時換算下來一塊約5元，跟一般美而美早餐店賣的檸檬雞柳條口味可以說一模一樣，但價錢卻便宜許多。

烹調方式很簡單，用家裡的小烤箱即可加熱，烤箱預熱後，不用退冰直接將雞柳條放進去烤個8分鐘，用筷子翻面再烤8分鐘，香酥雞柳條隨即完成。沾上蕃茄醬或麥當勞麥克雞塊所附的沾醬，更是美味加倍，夾進土司或餐包一起享用，當場點心變正餐。

烤後

## 團購達人 真 心 話

一次要買兩公斤雞柳有點太多，建議找人合購雞柳條雞塊各一包，一人分一半，小朋友多一種選擇也比較不容易吃膩。

烤前

## info 好市多Costco

網址：http://www.costco.com.tw/
電話：(02)8791-0110
地址：台北市舊宗路一段 268號

雖然平常貪快可以用烤箱加熱，但外皮總是沒有油炸來得香酥，如果是全家人一同享用，份量比較多時，建議還是乖乖用小火油炸。

# Costco自製 一級棒的滋味
# 貝果燻鮭魚抹醬酸奶油

Costco的自製食品裡面，貝果算是便宜大碗兼名聲響亮，基於前不久才吃到美味的賀米爾進口貝果，這次逛Costco就順手帶回，好好的比較一下美國進口和Costco自製貝果之間的差異。

我們採買的是原味及起士。塊頭比賀米爾貝果大和蓬鬆很多，摸起來比賀米爾貝果軟很多。

Costco貝果

賀米爾貝果

吃貝果當然不能少了抹醬，這次中選的是網路有好評的Costco自製燻鮭魚乳酪抹醬，保存期限只有4 天，家裡人口數不多的人要注意一下。抹醬加了紅蘿蔔，吃起來好像也有馬鈴薯的口感，等不及烤貝果就直接抹來吃！

貝果本身軟軟的，沒有賀米爾貝果的香氣和好嚼勁，感覺跟傳說中的美味有點小小距離！至於燻鮭抹醬口味不差，但如果夾上生菜和雞柳條應該會比較完整一點。

在Costco賣場曾經試吃過的酸奶油夾餅乾，當時就印象深刻，這次順手敗入重溫舊夢。酸奶油開箱照，這酸奶油的份量比燻鮭抹醬還大，還好保鮮期沒燻鮭醬那麼短。一開始先拿來夾烤貝果不怎麼對味，小失敗！雖然配貝果不對味，但搭配小圓餅可是不得了，超級絕配完全對味。

儘管酸奶油夾小餅乾讓我吃的津津有味，但家中兩個男人卻完全不賞臉，就是沒辦法接受這股酸　奶味兒，只願意單吃餅乾，這時候明顯可看出男女口味的差別。不過儘管愛吃，礙於保鮮期限得盡快消耗存量，光靠一個小女子真的很難完成任務。下次再來試試盒裝上的食用方法說明：「搭配小圓餅，直接食用或抹在餅皮裏，再加切碎洋蔥炒過的肉、莎莎醬、胡椒粉和海鹽。」相信經過如此費工的加工處理，兩個男人應該願意品嚐了。

## 大伙相招來團購！

自製貝果兩包139元，口味任選。燻鮭魚乳酪抹醬195元 / 450g。
酸奶油319元 / 1.36kg。

### 團購達人 真 心 話

Costco的貝果向來以便宜好吃著稱，但近期有品質下滑的跡象，網路負評不斷冒出，下次還是試試新推出的長條型綜合穀物貝果，據說口感比圈圈型貝果好上許多！

## info 好市多Costco

網址：http://www.costco.com.tw/
電話：(02)8791-0110
地址：台北市舊宗路一段 268號

# TRUFFETTES de FRANCE 屬於我的頂級享受
# 松露巧克力

這來自法國的松露巧克力,有幸兩次與它不期而遇,這美好的相遇甚至一一征服我身邊的人,每個人都巴望著能再次與它見面～

某次年節送禮,一位教授特地從美攜回一盒TRUFFETTES de FRANCE巧克力給辦公室的同事們吃,那時只覺得燙著金色邊的紙盒設計,典雅中帶著高貴,一開封後大家人手一個,開始品嘗。

就外觀而言,並沒有任何過人之處,很一般,放入嘴巴一含,這才驚為天人,那入口即化,難以言喻的好滋味,實在令人回味無窮。大家一邊交頭接耳討論著:「怎麼有巧克力可以如此香純好吃?到底在那裡買的?不知多少錢?」。不過由於正值上班時間,儘管嘴饞想再嚐,礙於長官就在後方不敢造次,僅止小試一、兩顆就停手,速速各自回自己的座位上班。

一到下午,大家偷時間想再吃的時候,才發現原本外型呈菇狀(後來才知道是做成松露的樣子),竟變成爛泥巴,這時同事們沒有人敢用手沾來吃,因為實在太不雅了,而且對於在室溫狀態下還會變形的巧克力予以同聲譴責,認為有變質壞掉之虞。當場同事們一轟而散的離去,只有我不離不棄始終如一,帶著剩下的半包回家去。

回到家，連極愛吃巧克力的老哥，看了賣相不佳的它，壓根一點興趣也沒有，要不是我從旁慫恿，他才半信半疑勉為其難的挖一口來吃，試了一口之後，馬上佔為己有！

與TRUFFETTES de FRANCE巧克力再次相遇，是事隔多年後，一位朋友從美國探親回來，送上這款巧克力給我，一盒有兩包。當時的我，一看到這禮物可是盡量克制雀躍不已的心情，保持低調。從收到禮到回家的途中，幾乎是用跳的！要知道現在沒有娘家的搶匪哥哥在一旁，看來這巧克力自然是歸我一人享用囉！（因為鳥先生不愛甜食，對巧克力更沒有興趣！）

回到家時，在室溫狀態下待了一天的巧克力，當然又如上次一般，變成泥狀。鳥先生一看就不屑地說：「你拿什麼鳥回來啊？怎麼這麼噁心！」我心裡暗自在想，最好你等一下就不要跟我搶！

不過雖然我是那麼地想要佔為己有，但基於夫妻本是同林鳥，有福要同享的道理，我開始向他介紹這巧克力是有多麼多麼的好吃及美味，不吃根本就是白活這一遭之類的大話。

大家知道我一向唱作俱佳，很少有人可以招架而不為所動的，於是鳥先生半信半疑的拿了湯匙挖了一小口送入嘴裡，「真的很好吃耶！超濃超香又不甜～」我心裡直覺不妙，果然，我的人間美味又征服了一個不愛吃甜食的人，但卻再度落入另一個搶匪手中……

鳥先生試著把未拆封的另一包冰在冰箱，期待它恢復原貌時會變得更加美味，過了3～4個小時，迫不及待的我們品嚐冷藏後的巧克力，美味依舊且具有口感，不過猴急的我，會很快的咬碎吞進去，再進行下一顆，此時見狀的鳥先生，馬上嚴厲的糾正我，你要讓它慢慢溶在嘴裡，享受那種從嘴中化開的漫妙滋味才是（我看他怕我吃得太快才是主因吧！）

隔天，小叔帶著網路上紅翻天的黑師傅前來，這是網路上超紅的好點心，小叔好心的分我們一盒奶酥口味的，看在他那麼慷慨的份上，又基於愛現的個性，我大方的拿出我的美味巧克力吹噓，心想反正小叔是比鳥先生更不愛甜食，甚至可以說是討厭甜食的人，安啦！

沒想到，連小叔一吃也淪陷 還一直說，真的不賴！

人家都這麼說了，另一包理所當然得奉獻出來！！（嘔）

這美味的松露巧克力，兩次來源都是在美國Costco購得，目前台灣也引進了！在7-11、Costco都買得到，Costco售價較便宜，兩盒裝一組（每盒兩包）售價350元左右，一上架就被搶光光！不過進口的季節是在10～11月。想吃的人，還是得伸長脖子慢慢等了。

一盒黑師傅換一包極品巧克力真是件不划算的交易！
不過拿黑師傅沾TRUFFETTES de FRANCE巧克力，
簡直就是－頂·級·享·受。

**info** 好市多Costco
網址：http://www.costco.com.tw/
電話：(02)8791-0110
地址：台北市舊宗路一段 268號

**團購達人 真心話**
這款美味好吃的巧克力，美其名是松露巧克力，其實以它的售價來推估，當然沒有添加那「貴桑桑」的松露在裡面啦！只是將巧克力的造型做成宛如松露的形狀而已。雖然我沒有吃過真正的松露巧克力，但是我覺得這款TRUFFETTES de FRANCE巧克力，對我而言已經是極品。

# 美國 培珀莉手工餅乾

Costco買最划算

培珀莉手工餅乾食後心得沒有包裝來的令人驚豔，但是利用手工新鮮烘培的全天然餅乾，還是吃得出健康及保有自然的風味。

好幾次午休時在公司的7-11看到培珀莉餅乾，素白簡捷的包裝，卻有著讓人想購買回家的魔力。但每次一拿起準備付款排隊時，連著兩次都被不同的同事勸阻，他們異口同聲的都說：「在7-11買太貴了！」

在同事們的好言相勸下，這年頭冤大頭還是讓別人來當好了，況且接著馬上又有第三人跳出來願意幫我代買，有這些仗義執言又樂心助人的同事們，我只好乖乖的放回去並接受他們的好意，同事愛真偉大哩！

## Brussels 布魯賽爾餅乾
15片／包／149g

加入燕麥片在內，具有硬脆富口感。好感度第一名，但也最貴。

## Milano 米蘭餅乾
15片／包／213g

內層夾心是85%以上的高純度巧克力，巧克力味道極濃，易溶化，餅乾質地較酥鬆。

## Geneva 日內瓦餅乾
15片／包／156g

餅乾上先用巧克力打底再鋪上堅果，但食用時，手容易沾黏巧克力那面而增加舔指的工作。

## Chessmen 奶油棋王餅乾
24片／包／206g

雖然沒有任何夾心，但口味卻最單純耐吃。

Costco賣的培珀莉餅乾是綜合大袋裝336元，裡頭共有4種口味分別包裝，同事買了1包帶來公司3個人分，裡面的小包裝，很適合拿來充當分裝袋。培珀莉餅乾共有3層包裝(包裝紙，密封油皮紙，錫箔紙)，具有防潮效果，這種餅乾買來很好瓜分，因為每一小袋內皆用烘培紙區隔，共有3層，於是我們每人各拿走一層，一層計有5片及8片。允嘉不愧是食神嘉，原以為他對其他3種巧克力夾心餅會有好感，沒想到他各吃一口後就嫌有點苦，反倒是對沒有夾任何東西的奶油棋王餅乾愛不釋手，之後還吩咐我，以後他只要棋王口味的。

### 團購達人 真心話
從網路上查到，除了好市多之外，Justco、HOLA、生活工廠、新光三越、SOGO等大型商場皆有賣，其實現在要在台灣買東西，真的很少有買不到的事情發生，需要考慮只是價格上的差別。

### 允嘉的最愛！

有著醇厚奶油香的棋王餅乾好吃！可惜並不是每個餅乾上的圖案都是棋王圖案，不然我會更愛。

### Info 好市多Costco
網址：http://www.costco.com.tw/
電話：(02)8791-0110
地址：台北市舊宗路一段268號

# 團購美食大搜尋

| 回購率 魔鬼甄V.S.烏先生 | | 本書頁數 | 商品名 | 售價 |
|---|---|---|---|---|
| 100% | 100% | P.66 | 卑南包子店肉包 | 15元／個 |
| 100% | 100% | P.66 | 卑南包子店菜包 | 15元／個 |
| 100% | 100% | P.82 | 福美軒金牛角 | 17元／個 |
| 100% | 100% | P.80 | 趙記特級黑糖饅頭 | 20元／粒 |
| 100% | 100% | P.72 | 阿瑞官粿店芋粿巧 | 20元／個 |
| 100% | 100% | P.96 | 東海蓮心冰 | 20元／杯 |
| 100% | 100% | P.32 | 花蓮提拉米蘇 | 25元／片 |
| 100% | 100% | P.32 | 花蓮提拉米蘇黑岩蛋糕 | 25元／片 |
| 100% | 100% | P.96 | 東海雞爪凍 | 35元／盒 |
| 100% | 100% | P.86 | 許義魚酥 | 50元／包 |
| 100% | 100% | P.91 | 三合餅舖蔥燒餅 | 50元／11片 |
| 100% | 100% | P.58 | 劉夫人點心坊香烤雞翅 | 60元／份 |
| 100% | 100% | P.76 | 小肥羊火鍋湯料 | 110～150元／包（台灣買） |
| 100% | 100% | P.34 | 新美珍原味布丁蛋糕 | 70元／個 |
| 100% | 100% | P.24 | 福利奶油大蒜法包 | 72元／條 |
| 100% | 100% | P.50 | 得倫原味燒海苔 | 75元／包 |
| 100% | 100% | P.50 | 得倫辣味燒海苔 | 75元／包 |
| 100% | 100% | P.50 | 寬泓原味海苔 | 80元／包 |
| 100% | 100% | P.50 | 寬泓辣味海苔 | 80元／包 |
| 100% | 100% | P.50 | 得倫好one豆 | 90元／盒 |
| 100% | 100% | P.62 | 三郎餐包 | 90元／包 |
| 100% | 100% | P.74 | 屏東玉特級白醬油 | 100元／瓶 |
| 100% | 100% | P.66 | 老龍師鹹蛋糕 | 120元／盒 |
| 100% | 100% | P.20 | 賀米爾貝果 | 125元／包／5個 |
| 100% | 100% | P.87 | 福源花生醬 | 140元／大罐 |
| 100% | 100% | P.96 | 蕃薯市雞腳凍 | 150元／大盒 |
| 100% | 100% | P.74 | 基隆旺記上海湯包 | 160元／包／60粒 |
| 100% | 100% | P.29 | 香帥長芋頭蛋糕 | 170元／條 |
| 100% | 100% | P.101 | 基諾英國奶茶隨身包 | 180元／袋 |
| 100% | 100% | P.26 | 阿默高鈣乳酪蛋糕 | 220元／條 |
| 100% | 100% | P.88 | 奕順軒牛舌餅 | 200元／8入 |
| 100% | 100% | P.26 | 芝玫輕乳酪蛋糕 | 220元／條 |
| 100% | 100% | P.16 | 北海道千層蛋糕 | 220元／盒 |

| 回購率 魔鬼甄V.S.鳥先生 | | 本書頁數 | 商品名 | 售價 |
|---|---|---|---|---|
| 100% | 100% | P.36 | 日出大地牛軋糖 | 250元起 / 400公克 |
| 100% | 100% | P.22 | 佳樂原味波士頓派 | 300元 / 個 |
| 100% | 100% | P.106 | 松露巧克力 | 350元 / 組 |
| 100% | 100% | P.52 | 星野原味銅鑼燒 | 350元 / 10入 |
| 100% | 100% | P.92 | 小潘鳳梨酥 | 380元 / 32入 |
| 90% | 100% | P.34 | 新美珍巧克力布丁蛋糕 | 70元 / 個 |
| 90% | 100% | P.42 | 黑師傅捲心酥 | 120元 / 罐 |
| 90% | 100% | P.46 | 福義軒手工蛋捲 | 150元 / 盒 |
| 90% | 100% | P.74 | 基隆旺記港式湯包 | 180元 / 包 / 50粒 |
| 100% | 80% | P.66 | 老龍師肉包 | 15元 / 個 |
| 80% | 100% | P.58 | 劉夫人點心坊黃金茶蛋 | 30元 / 份 / 3粒 |
| 80% | 100% | P.88 | 長房老元香牛舌餅 | 55元 / 包 |
| 80% | 100% | P.34 | 新美珍黑糖布丁蛋糕 | 80元 / 個 |
| 100% | 80% | P.14 | 豆酥朋咖啡泡芙 | 95元 / 盒 |
| 80% | 100% | P.71 | 泡菜賓泡菜 | 150元 / 包 |
| 80% | 100% | P.36 | 米提爾牛軋糖 | 原味240元 / 600公克 |
| 100% | 80% | P.30 | 屏東乳酪先生黃金酒派 | 250元 / 個 |
| 100% | 80% | P.26 | 日出大地原味乳酪蛋糕 | 280元 / 盒 |
| 80% | 100% | P.54 | 葛媽媽ㄟ灶腳薑母鴨 | 350元 / 份 |
| 90% | 90% | P.52 | 星野櫻桃銅鑼燒 | 350元 / 10入 |
| 90% | 80% | P.66 | 板橋真好包子蛋黃鮮肉包 | 17元 / 個 |
| 80% | 80% | P.80 | 新竹光復淡饅頭 | 9元 / 粒 |
| 80% | 80% | P.80 | 新竹光復五穀雜糧饅頭 | 11元 / 粒 |
| 80% | 80% | P.42 | 得倫卷心酥 | 120元 / 罐 |
| 80% | 80% | P.92 | 俊美鳳梨酥 | 120元 / 10入 |
| 80% | 80% | P.92 | 李鵠鳳梨酥 | 120元 / 10入 |
| 80% | 80% | P.29 | 香帥蛋糕綠豆派 | 230元 / 個 |
| 80% | 80% | P.52 | 星野抹茶銅鑼燒 | 350元 / 10入 |
| 80% | 80% | P.26 | 芝玫重乳酪蛋糕 | 240元 / 條 |
| 80% | 80% | P.45 | BAXTER GELATO義式拿鐵 | 250元 / 盒 |
| 80% | 80% | P.30 | 屏東乳酪先生原味起士蛋糕 | 250元 / 個 |

★回購率係魔鬼甄與鳥先生就商品價格、外觀、口味、包裝及個人喜好為主來評比；而本表 之排列順序則是將兩人之回購率予以加總，並由價格低至高依序排列。

★再一次強調，這僅為魔鬼甄及鳥先生之個人喜好所得之回購率，每個人的口味均不同，請 勿以此基準，作為評斷商家之優勝劣敗。

# 與大家一起分享的心 永遠不變！

我的第一本書，終於問市了！是的！我出書了！！！從編輯與我接洽，到完稿、出書，歷時三個月。到完稿的那一刹那，還很難相信我可以出書！

能夠出《團購美食GO！》一書，實在是無心插柳的結果，打從寫網誌開始，就是抱著一顆分享的心，想把自己的所見所聞、所吃所買的東西，好與壞、喜歡與不喜歡的感覺和大家分享，而一開始更只是想把食記裡的「團購美食」特別分出來，另闢一個單元好方便大家瀏覽點閱，沒想到竟因此受到編輯的引薦、出版社老闆的賞識，進而完成出書，到現在還有點不可置信！

書中所有內容，一部份是尚未發表的新文，其餘是舊文改寫重編或更新補充部份內容，應編輯要求重新整理了牛舌餅、肉包、蛋捲這類大亂鬥文章。這三個月，公私事兩頭燒，每天熬夜寫文撰稿，只能說寫書真的不容易，稿費不好賺啊！投注的心力與耗費的時間，就像是自己另一個小孩一樣，既期待又盼望，衷心企盼它的誕生能受到大家的喜愛。

事前知道我出書的朋友，除了替我開心，也義無反顧的說要幫我宣傳與贊助。剛出書第1個月這本書在全省7-11上架，好友沙米說回台第一件事，就是去家裡附近的7-11巡邏與站崗，務必確保我的書是擺在最顯眼的位置。網友小鳳、weiwei也都迫不及待要先睹為快，還說要自掏腰包買來贈送親朋好友。同事二娘原本只涉獵文學類的書，但一聽我要出書，管他什麼內容，怎麼也不願意接受我的贈書，非要自個兒出錢贊助不可。當然還有安琪、小玉、書書、kiki、Ring媽、老衛、愛咪和多位匿名好友，不時給與的關心與建議，提醒我莫忘初衷。

最後，要感謝編輯曉甄，在這段時間所給予的協助與支持，完美的扮演作者與出版社的溝通橋樑，並且使盡全力的催稿，才能讓這本書這麼快的與大家見面。而美編小桃高超的後製能力，更讓這本書生色不少，具有畫龍點睛的功用！朱雀文化，謝謝妳讓我的文字有化作永恆的機會，是一份珍貴的禮物。

再次感謝長期以來收看我網誌及買書的朋友們，雖說這不是什麼傲人的成就，但卻是一輩子永難忘懷的回憶與感動。如果你肯定我的用心，請多多給予支持與鼓勵，歡迎將這本書介紹給周圍的朋友們。

最後，還是要再次申明，給店家，也給各位讀者：本書內所介紹的商品都是我和家人的個人喜好，每個人口味不同，請勿以此為基準，作為評斷店家之優勝劣敗！還有還有：近日物價波動頻繁，多項團購美食售價皆有調漲，開團前最好先電洽店家。

魔鬼甄三刷感言，於2007/7/31

**朱雀文化出版**　地址：台北市基隆路二段13-1號3樓　電話：02-2345-3868
Hands手作生活系列，喜愛創意DIY、懂得生活品味的手作人絕不可錯過！

## Hands001
### 我的手作生活
**來點創意，快樂過悠雅生活**
黃愷縈著 定價280元

本書中介紹的手作雜貨，是你實現悠閒生活的第一步。手作絕非難事，只要些許創意和耐心，生活中處處充滿驚奇和特色。喜愛雜貨的作者在書中暢談自己的生活感受、喜好和經驗，舉凡最愛的雜誌、喜歡的旅遊國家、常聽的音樂、愛用的相機，以及對生活雜貨的感覺、創作的概念和方法，一一與讀者分享。

## Hands002
### 自然風木工DIY
**輕鬆打造藝術家小窩**
王宏亨著 定價320元

所有的手作工藝裡，木工是最親切簡單的項目之一，從製作到完成的過程中都充滿了樂趣，本書收錄的絕對不是刻板印象中 重單調的工作，而是最輕鬆簡單的手作新體驗：樹枝鑰匙圈、原木手機座，或是書桌上不可或 的叮嚀MEMO夾……，都是輕而易舉就能完成的實用小物。

## Hands003
### 一天就學會鉤針
**飾品＆圍巾＆帽子＆手袋＆小物**
王郁婷著 定價250元

鉤針適合各個年齡層的人來學，做法比想像中容易多了，只要參看書中詳細的步驟圖，1天就學會鉤針絕非難事！ 對於毛線初學者，需要好幾顆毛線才能完成的大件上衣、裙子似乎有點難，不妨先試試1顆毛線或更少的線就能搞定的簡單圍巾、帽子、項鍊、髮飾、包包和餐墊。

## Hands004
### 最簡單的家庭木工
**9個木工達人教你自製家具**
青城良等著 定價280元

一本給不懂木工的人看了也能輕輕鬆鬆做家具的木工教學書。
想省錢又想要一個美觀又兼具實用的木質家具？
由9個木工達人嚴選24個兼具實用及收納功能的質感家具，一次統統學會自己做。

## Hands005
### 我的第一本裁縫書
**1天就能完成的生活服飾＆雜貨**
真野章子著 定價280元

本書特別介紹以亞麻、羊毛和棉布三種布料縫製的圍裙、洋裝、室內拖鞋、手提袋和被套等，作品不僅優雅時尚，更具生活實用，室內外出都能使用。只要你會基礎的手縫或使用裁縫機，就可以隨心所欲製作自己的家居服和生活小物囉。

## Hands006
### 一天就學會縫包包
**超詳細手作教學和紙型**
楊孟欣著 定價280元

本書第1、2單元教你利用最常見的棉布、麻布和合成皮，搭配最詳盡的精準步驟圖和裁縫小秘訣，尤其是DIY新手，1天之內就學會縫好各式包包、零錢包、名片夾等實用生活雜貨。同時附贈最細膩作品紙型，本書作品絕對均可輕鬆完成。

## Hands007
### 這麼可愛，不可以！
**用創意賺錢，5001隻海蒂小兔的發達之路**
黃海蒂著 定價280元

一個7年級女生，用創意賺錢，讓夢想成真的故事。 夢想的源頭在哪？如何用創意賺錢？要怎麼自己創業？如何經營創意市集？讓創意市集界的LV，最受歡迎的人氣攤位王——海蒂Heidi告訴你可愛也能賺大錢！

## Hands008
### 改造我的牛仔褲
**舊衣變新?變閃亮?變小物**
施育芃著 定價280元

當舊牛仔衣＆褲碰上你的創意改造，會擦出怎樣的新鮮火花呢？無論是閃亮亮的嬉哈風格或是充滿浪漫感的蕾絲公主風，又或者充滿個 的包包、裝飾品和實用居家小物，都可以利用特殊設計來讓穿膩的舊衣變得更有造型！